Guía para el docente y solucionarios

Trabajos de carpintería y mueble

Editado por: IC Editorial
c/ Cueva de Viera, 2, Local 3
Centro Negocios CADI
29200 Antequera (Málaga)
Teléfono: 952 70 60 04
Fax: 952 84 55 03
Correo electrónico: iceditorial@iceditorial.com
Internet: www.iceditorial.com

Guía para el docente y solucionarios:
Trabajos de carpintería y mueble

1ª Edición

ISBN: 978-84-1184-274-7
Depósito Legal: 1782-2023

Impresión: PODiPrint
Impreso en Andalucía - España

Índice

Guía para el docente: técnicas de enseñanza y aprendizaje

Contenido

1. Introducción

El presente capítulo está destinado a ofrecer al cuerpo docente responsable de la enseñanza del programa de cualificaciones profesionales y certificados de profesionalidad, una guía metodológica para obtener el máximo rendimiento de los contenidos formativos que han sido desarrollados para el presente título.

La mejora de las habilidades comunicativas y la aplicación de una metodología contrastada de enseñanza, aprendizaje y evaluación permitirá transmitir el conocimiento y adquirir el programa formativo de la forma más efectiva y práctica posible.

Estudiaremos cuáles son los principales elementos que forman parte de la comunicación profesor-alumno, a través de una cuidada selección de sistemas de planificación de estrategias didácticas, así como la utilización de medios y recursos didácticos.

La integración de todas las actividades planificadas alrededor de un plan de formación adaptado e individualizado, aumentará además la satisfacción del alumnado por la utilización de un sistema no lineal e interactivo que se retroalimenta gracias a la relación establecida entre la propia metodología y los actores que forman parte de la enseñanza.

2. El programa de formación

Una de las claves del éxito de la mayoría de las actividades que se realizan en general, y concretamente en la formación, es la **programación.** Es necesaria la programación de las acciones formativas, para que así se pueda alcanzar el objetivo final, es decir, que el alumno obtenga una buena capacitación y adquiera nuevos conocimientos en su repertorio y que, después, sea capaz de emplearlos en su trabajo.

2.1. Definición de programación

Cuando se habla de **programación,** se pueden encontrar multitud de definiciones. Para sintetizar, se podría definir como la actividad de enunciar lo que se quiere hacer (objetivos, contenidos, métodos, temporalización, medios y recursos didácticos y evaluación).

 Definición

Programación
Es un plan donde se establecen las acciones que se van a realizar en un proceso de enseñanza-aprendizaje, por medio de un formador o un equipo.

A continuación, se va a describir una serie de características que tiene que tener una programación didáctica:

- Dinámica. Una programación no es estática ni está acabada, siempre está en constante revisión, de ahí su dinamismo. Además va cambiando o evolucionando según los resultados de la evaluación continua que se va realizando durante la ejecución de la acción.
- Flexible. Esta característica permite que se puedan hacer cambios, ampliaciones, reducciones y actualizaciones de los contenidos y actividades programadas, según las necesidades que se observen.
- Creativa. La programación como es un diseño propio y exclusivo, exige creatividad y originalidad. El docente es el que decide sobre el quehacer en el aula teniendo en cuenta las características del grupo, las necesidades que se pretenden satisfacer y las propias posibilidades.
- Prospectiva. La programación consiste en hacer un pronóstico de la interacción que se va a producir en el aula.

- Sistemática. La programación es un proceso sistematizador que da coherencia a la acción formativa, ya que tiene en cuenta todos los elementos (objetivos, contenidos, métodos, temporalización, medios y recursos pedagógicos y evaluación) que intervienen en el acto educativo y analiza sus relaciones.
- Integradora. Permite integrar elementos de cualificación técnico-profesionales con elementos de cualificación personal de alumnado.
- Funcional. Toda programación debe basarse en el perfil profesional de la ocupación y estructurar los contenidos formativos que proporcionan las competencias de ésta.

2.2. Elementos de la programación

Antes de empezar cualquier programación formativa, es necesario tener en cuenta los datos obtenidos del análisis de la ocupación y del grupo al que se dirige la acción formativa. A partir de esta información, se determinan los elementos que van a conformar la programación.

Cuando se realiza la programación de un curso, hay que plantearse previamente las siguientes preguntas:

1. ¿Qué quiero conseguir con la formación?	**OBJETIVOS**
2. ¿Qué conocimientos deben asimilar los alumnos para alcanzar los objetivos propuestos?	**CONTENIDOS DEL CURSO**
3. ¿Cómo trabajamos en el aula? ¿Qué actividades son las que realizamos?	**MÉTODOS DE ENSEÑANZA**
4. ¿Cuánto tiempo tengo y cuánto dedico a cada módulo?	**TEMPORALIZACIÓN**
5. ¿Qué medios y recursos didácticos se necesitan para poder llevar a cabo esas actividades?	**MEDIOS Y RECURSOS DIDÁCTICOS**
6. ¿Cómo sabemos que se ha producido el aprendizaje?	**EVALUACIÓN**

3. Factores determinantes de la efectividad de la comunicación en el proceso de enseñanza-aprendizaje

En toda comunicación que se produzca en el proceso de enseñanza-aprendizaje, existen factores determinantes que obstaculizan o refuerzan este proceso.

3.1. Obstáculos de la comunicación

Relacionados con el emisor

- No expresar de forma clara qué mensaje se quiere transmitir.
- Comentar algo a lo largo de la explicación que no sea lo correcto y pueda resultar desagradable.
- Cambiar el tema de conversación.
- Desviarse del tema que se está tratando.
- No mirar al receptor cuando se quiere expresar algo.
- No estar atento a las señales que emite el receptor.
- Expresar alguna idea a través de los gestos que no se corresponda con la idea a comunicar.

Relacionados con el receptor

- No comprender las ideas que quiere expresar el emisor.
- No pedir explicación al emisor de aquella información que no le haya quedado clara.
- Interrumpir al emisor cuando está hablando.
- Captar algo diferente a lo que el emisor desea transmitir.

Relacionados con el mensaje

- Mensaje confuso.
- Mensaje muy corto.
- Mensaje muy extenso.
- Abuso de muletillas.
- Utilización de frases sin terminar.
- Dar "rodeos" para decir la idea principal.

Relacionados con el contexto

- No ser el momento adecuado para transmitir algo.
- No saber escoger el lugar oportuno.
- La presencia de ruidos y de interferencias.
- No pensar en las personas que están cerca.

Relacionados con el código

- No utilizar el mismo código que la persona con la que se habla o a la que se escucha.
- No adaptar el vocabulario a la situación o a la persona con la que se conversa.
- Utilizar el doble sentido.

3.2. Sugerencias para el mejor funcionamiento de la comunicación

Emisor

- Acostumbrarse a planificar la comunicación.
- Concretar visiblemente los objetivos.
- Buscar la retroalimentación en la comunicación.
- No tratar de impresionar al receptor.

Mensaje

- Que sea claramente entendido por el receptor.
- Que la terminología usada sea de referencia común.
- Que reclame la atención y el interés del alumnado.
- Que sea sencillo de interpretar.
- Que su contenido sea adecuado y convincente.
- Que produzca el máximo efecto posible.

Canal

- Que sea el más apropiado al grupo al que se dirige, al contenido del mensaje y al objetivo que persigue el formador.
- Que sea el que cause mayor impacto en el receptor.
- Que sea el más eficaz.
- Que sea el que mejor domine el formador.

4. La comunicación verbal y no verbal en el proceso instructivo

Los medios de comunicación pueden agruparse en dos grandes bloques: los **medios verbales,** que son aquellos que usan la lengua como código compartido; y los **medios no verbales,** que son los que se fundamentan en otros códigos simbólicos. A su vez, dentro de los medios verbales, están el medio escrito y el medio oral.

Cada uno de estos medios tiene sus ventajas y sus inconvenientes, por lo que la selección del medio deberá tener en cuenta las circunstancias y características que en cada caso presenta el comunicador, la audiencia y el mensaje que se ha de transmitir.

4.1. Los medios verbales

La comunicación verbal

La comunicación verbal se utiliza para comunicar ideas o dar información, opiniones, expresar o describir sentimientos, etc. Sirve de vehículo a los contenidos explícitos del mensaje. Para garantizar la efectividad de la comunicación, es necesario que el mensaje se presente de forma descriptiva y operativa, pero siempre teniendo muy en cuenta el código común del grupo al que va dirigida esta comunicación.

Un uso correcto del lenguaje oral ayuda a acercarse más a los alumnos. Los principales aspectos a considerar son los que aparecen a continuación.

Construcciones gramaticales

El objetivo será transmitir el mensaje de la manera más clara posible. Se deben evitar los giros rebuscados, la sintaxis complicada y las metáforas. En las explicaciones y conversaciones debe primar el contenido sobre la forma.

Vocabulario

Es importante saber qué palabras van a expresar mejor los conceptos que se desean transmitir y las que pueden ser comprendidas mejor por los alumnos. El análisis previo de los alumnos ayuda a saber qué términos técnicos se pueden utilizar sin problemas, cuáles se tienen que explicar y cuáles se deben evitar.

En general, siempre hay que mantenerse dentro de un lenguaje formal, evitando los vocablos demasiado coloquiales, las palabras extranjeras, las referencias académicas y expresiones de carácter religioso, político, deportivo o cultural, que pueden resultar agresivas para los alumnos.

Ejemplos

Los conceptos abstractos que pueden aparecer y que dificultan la adquisición de los contenidos, tienen que ser expresados mediante las explicaciones del formador, siempre apoyándose en la visualización.

La comunicación escrita

La comunicación escrita posee un carácter más veraz que la oral. La interacción que tiene lugar entre el emisor y el receptor no es inmediata, en algunas ocasiones no llega a producirse jamás. Este tipo de comunicación ofrece más oportunidades expresivas y mayor complejidad gramatical, sintáctica y léxica. También hay que tener en cuenta que a veces dificulta la expresión y/o puede no proporcionar *feedback* de manera inmediata.

4.2. Los medios no verbales

Al igual que las palabras, los elementos de la comunicación no verbal son signos que representan una idea (se excluyen todos los signos lingüísticos).

A diferencia de la comunicación verbal, su función no se centra sólo en la transmisión de contenido, sino que traspasa esa frontera para expresar también las emociones del emisor, controlar la interacción y proporcionar *feedback* del efecto que el mensaje produce en el receptor. Todas estas funciones son muy útiles para el formador, tanto en su tarea de transmisor de conocimientos como en la tarea de motivar y dirigir al grupo.

A continuación, se detallan las diferentes categorías en las que se agrupan los elementos de la comunicación no verbal.

Kinesia

Posturas

Una de las primeras cosas que el formador debe transmitir a sus alumnos es confianza y seguridad, lo que puede conseguirse a través de una postura erguida (sin llegar a ser arrogante), de pie, apoyándose sobre los dos pies y manteniendo la cabeza alta.

Esta postura es útil, especialmente durante la presentación del curso, porque ayuda a relajar el cuerpo, a facilitar la respiración y a controlar las muestras de nerviosismo, al tener un buen apoyo en el suelo.

A medida que avanza el curso, se pueden adoptar otras posturas que faciliten el descanso (apoyarse), el acercamiento (echar el cuerpo hacia delante) o que resten protagonismo (sentarse).

Gestos

Los gestos son un buen aliado del formador, excepto cuando éste se siente incómodo o nervioso. Gestos de carácter adaptador, como rascarse o colocarse la ropa, pueden delatar su estado emocional.

La mayoría de los gestos cumplen la función de reforzar el mensaje verbal (ilustradores), aunque existen otros cuya función es regular las intervenciones cuando se dirige una discusión de grupo.

Expresiones faciales

Las expresiones de la cara transmiten las emociones y permiten obtener fácilmente una respuesta del alumno.

Una expresión facial agradable, como una sonrisa no forzada, facilita la creación de un ambiente relajado en el aula. Una sonrisa puede ser muy útil también para romper la tensión que inevitablemente surge en algunas sesiones.

Mirada

La mirada, junto con la postura, es uno de los mejores métodos para transmitir confianza (en momentos de nerviosismo se tiende a apartar la vista) y para captar la atención de los alumnos.

Mientras el formador habla debe mantener la mirada sobre los alumnos la mayor parte del tiempo, mirándolos el tiempo suficiente como para que se sientan atendidos pero no incómodos. También se puede utilizar la mirada durante las discusiones de grupo, con una función reguladora de las distintas intervenciones.

Desplazamientos

Realizar desplazamientos en el aula capta la atención del alumnado, además de facilitar el contacto visual. Hay que procurar que no sean repetitivos o bruscos (pasear cerca de los alumnos), y cambiar de un recurso a otro (ir de la pizarra al retroproyector), etc.

 **Recuerde**

Los recursos no verbales que estudia la Kinesia son:

I Posturas.
I Gestos.
I Expresiones faciales.
I Mirada.
I Desplazamientos.

Estos recursos pueden utilizarse tanto para reforzar lo que se expresa mediante la comunicación verbal como para sustituirlo.

Proxémica

El aspecto de la proxémica que más interesa es la proximidad física entre los individuos, ya que los alumnos pueden sentirse violentos si el formador se aproxima excesivamente a ellos o, por el contrario, verle distante si no se acerca.

Se debe prestar atención a este aspecto, tanto durante las intervenciones como al distribuir el espacio del aula que se va a emplear, evitando siempre que los asientos estén demasiado juntos o demasiado separados.

Paralingüística

Para captar la atención del público, los oradores suelen hacer uso de determinados aspectos como el tono de voz o las pausas, que en algunos casos pueden parecer exagerados.

El formador, aunque emplee el método de la lección magistral, no es un orador y, por tanto, no debe prestar especial atención a estos aspectos, excepto cuando le plantean algún problema, debido a la ansiedad, al cansancio o a un mal estado de salud. Practicar en voz alta y realizar grabaciones durante la fase de preparación puede ayudar a vencer estas dificultades.

Volumen

Aunque el aula sea pequeña, se tiene que realizar el esfuerzo de hablar lo suficientemente alto para que todos los alumnos oigan las explicaciones y, a la vez, transmitir confianza. En general, el volumen se ajustará instintivamente cuando se compruebe dónde se sitúa la persona que se encuentra más alejada.

Entonación

El problema más frecuente, especialmente si se está cansado, es la monotonía, que no contribuye a captar la atención ni a motivar a los alumnos.

El interés que el formador muestre por el tema y una correcta preparación le hará destacar los puntos clave y jugar con la entonación de una forma adecuada a lo largo de toda la exposición.

Pronunciación

Los problemas se presentan especialmente cuando se está nervioso o se habla demasiado rápido. Se debe hacer un esfuerzo por articular todas las palabras de manera limpia y clara, abriendo la boca lo suficiente para pronunciar correctamente las sílabas, consonantes y vocales.

Velocidad

Una velocidad correcta puede ayudar a resolver problemas de pronunciación y de entonación. Se debe hablar a una velocidad normal o algo superior, para facilitar el mantenimiento de la atención. No obstante, si se está nervioso, se puede hablar con mayor lentitud para facilitar la respiración y relajarse. También se debe reducir la velocidad cuando se expliquen conceptos técnicos complejos o cuando se espere alguna respuesta por parte de los alumnos.

Recuerde

Los elementos que trata la Paralingüística son:

I El volumen.
I La entonación.
I La pronunciación.
I La velocidad.

Proyección física

Existen determinados factores que, sin que la persona diga ni haga nada, transmiten información y hacen referencia a la imagen física que esta persona proyecta.

Es fundamental que el formador transmita una imagen positiva para los alumnos. Se debe cuidar el aspecto externo y los artefactos que se usen, como los adornos y prendas de vestir. La manera adecuada de vestir depende de la situación y siempre debe estar en consonancia con lo que cada colectivo de alumnos espera del formador.

Ejemplo

Sería negativo vestir pieles para impartir un curso cuyo objetivo fuese desarrollar actitudes positivas hacia la protección del medio ambiente.

En cualquier caso, se debe llevar ropa que resulte cómoda, bien cuidada y no demasiado llamativa. A los adornos y al peinado se aplican las mismas reglas que al vestido.

 **Importante**

Un objetivo fundamental del formador es dirigir la atención de los alumnos hacia el contenido que está desarrollando, nunca hacia su persona.

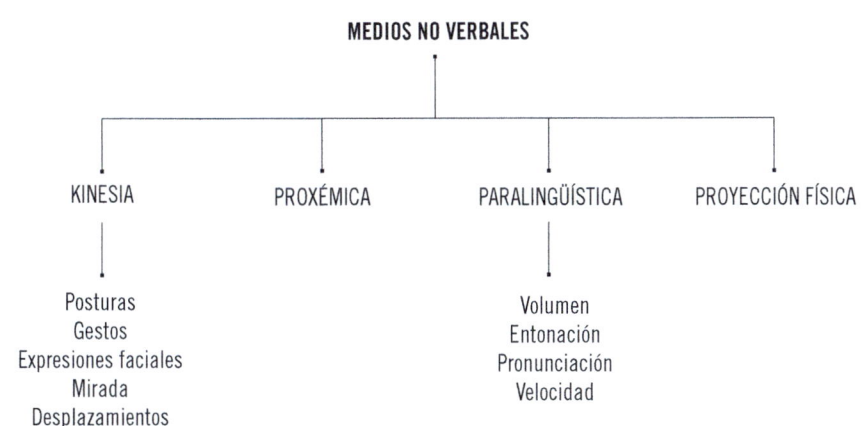

MEDIOS NO VERBALES

| KINESIA | PROXÉMICA | PARALINGÜÍSTICA | PROYECCIÓN FÍSICA |

Posturas
Gestos
Expresiones faciales
Mirada
Desplazamientos

Volumen
Entonación
Pronunciación
Velocidad

Finalmente, conviene recordar que si el formador observa atentamente la comunicación no verbal que expresan los alumnos, obtendrá una gran cantidad de información.

Hay numerosos signos no verbales que puede mostrar el alumno:

- **Atención:** posturas del cuerpo (inclinado hacia delante, hacia atrás...).
- **Necesidad de hablar:** movimientos sutiles de la boca, de la mano, etc.
- **Irritación:** movimiento de pies, manipulación de objetos sobre la mesa, etc.

- **Concentración:** tomar apuntes, mirar al docente, etc.
- **Cansancio:** cuerpo hundido, suspiros, etc.
- **Inercia:** silencios de todo el grupo, etc.
- **Desinterés:** cerrar el cuaderno, bostezar, mirar al vacío, etc.
- **Sorpresa:** levantar los brazos, abrir la boca, levantar las cejas, abrir los ojos, etc.

Si se observan estos elementos de forma atenta, se podrá obtener información sobre la comprensión del mensaje y el estado emocional de los alumnos, lo que será de gran utilidad para el formador durante el curso.

La comunicación no verbal aporta información al formador sobre los alumnos

5. Técnicas de secuenciación de contenidos

Una vez seleccionados los contenidos, hay que ordenarlos secuencialmente. La **secuenciación y estructuración de los contenidos** es el proceso que permite situarlos en una configuración que produce el máximo aprendizaje en el mínimo tiempo posible.

Algunas de las técnicas para la secuenciación de contenidos son las siguientes:

- Que los contenidos estén de acuerdo con los objetivos propuestos y con los plazos previstos para conseguirlos.

- Empezar por los contenidos más próximos y significativos para el alumno, para llegar poco a poco a lo desconocido. De esta manera, resultará más fácil introducir los nuevos contenidos.
- Ir de lo inmediato a lo remoto.
- Ir de lo concreto a lo abstracto.
- Ir de lo más fácil a lo más difícil. Esto motiva al alumnado porque le va mostrando los avances de manera rápida.

Las principales ventajas que este proceso conlleva son:

- Ayuda al participante a pasar de un conocimiento o habilidad a otro.
- Garantiza que los conocimientos y habilidades previas son alcanzados antes de introducir elementos nuevos.
- Reduce el tiempo de formación.
- Evita la confusión y los fallos en el participante.

Estos puntos son los principales aspectos a tener en cuenta cuando se realiza la presente fase de la programación de la formación, es decir, cuando se fijan los contenidos de la formación.

6. La selección y planificación de estrategias didácticas

Las personas que realizan un curso de formación son diversas, por ello es muy importante que las estrategias didácticas se adapten, de la mejor forma posible, al contexto y permitan una flexibilidad.

 Definición

Estrategias didácticas
Son procedimientos que el formador emplea para facilitar el aprendizaje, con la intención de que éste sea significativo.

Tras la selección y estructuración de contenidos, llega el momento de decidir la modalidad de formación a seguir y la metodología a utilizar en su impartición. Pero esta decisión no se puede tomar arbitrariamente, sino que ha de basarse en unos criterios. Los criterios de decisión básicos para determinar qué estrategia y qué método de formación es el adecuado, son:

- La compatibilidad con los objetivos.
- Los principios generales del aprendizaje del adulto: individualización, motivación, utilidad, practicidad, intereses, etc.
- Los principios de rigor, realismo y participación.
- El carácter eminentemente aplicativo de los aprendizajes.
- La posibilidad de transferir los aprendizajes al puesto de trabajo.
- Los recursos disponibles, incluido el tiempo.
- Los factores relacionados con los participantes, como el estilo de aprendizaje, la edad, el tamaño del grupo, la motivación, etc.

Una vez escogido el método, se observa que ninguno es químicamente puro, sino que unos participan de otros. Por lo demás, todo método puede ser adecuado o inadecuado dependiendo del modo en que sea empleado.

Los formadores deben utilizar los métodos flexiblemente, de la forma que mejor se adapten al estilo de formación, a la materia y a los alumnos, complementando cada método con la técnica y recurso didáctico más acorde.

7. La selección y planificación de medios y recursos didácticos

Para realizar cualquier acción formativa, hace falta algo más que elegir y aplicar unos métodos y unas técnicas. Son necesarios los medios y recursos didácticos, que van a ayudar a desarrollar la metodología seleccionada en el aula. Los medios y recursos didácticos permiten el trasvase de información formador-alumno.

Definición

Medios didácticos
Son materiales elaborados para facilitar los procesos de enseñanza-aprendizaje.

Recursos didácticos
Son soportes mediante los cuales se presentan los contenidos del curso a los alumnos.

A la hora de escoger el medio o recurso a utilizar, se deben tener en cuenta los siguientes criterios:

- **Características de la materia o tema.** Dependiendo de la naturaleza de los contenidos, éstos pueden ser transmitidos por unos u otros métodos.
- **Los objetivos del curso.** Toda selección de medios y estrategias de enseñanza deben realizarse en función de éstos.
- **La disposición del aula y el número de alumnos.** Hay que tener cuidado, sobre todo en la visibilidad de alguno de los recursos, porque pueden perder eficacia.
- **Tiempo disponible para la formación.** Este elemento tiene que estar siempre presente, porque, en función del tiempo que se tenga, se elegirá lo que se adapte mejor a las necesidades.
- **Recursos disponibles,** ya que en algunas ocasiones están a nuestro alcance.
- **El uso que se haga de ellos,** cuál es la finalidad, qué es lo que se pretende y en qué momento se van a utilizar.
- **El nivel de conocimiento de los alumnos** sobre el tema.

Todos estos puntos se han de tener en cuenta a la hora de escoger un medio o recurso didáctico. La finalidad de éstos no es otra que la de fundamentar, apoyar y reforzar el acto formativo.

8. La planificación de la evaluación del proceso de enseñanza-aprendizaje

La aplicación de programas de formación lleva a la obtención de unos determinados resultados. Éstos serán los frutos de la formación y mostrarán el grado de eficacia y eficiencia con que se lleva a cabo la función formativa.

Los resultados indican el éxito de la formación mediante su contraste con los objetivos fijados anteriormente. Este procedimiento recibe el nombre de **evaluación,** proceso ampliamente conocido y con trascendencia reconocida para la formación. Según el proceso de evaluación aplicado, los resultados obtenidos serán reales y fiables, o bien, falseados.

Para que los resultados de la evaluación muestren con certeza el grado de éxito alcanzado con la formación, es necesario un requisito previo: el establecimiento de criterios de evaluación durante el proceso de planificación de la formación. Los criterios actúan como puntos de referencia, a partir de los cuales se valoran los resultados obtenidos.

Los criterios de evaluación han de fijarse con mucha atención, ya que determinan el proceso de evaluación, y éste juzga el grado de éxito de la función formativa.

El primer aspecto a tener en cuenta es la validez: los criterios de evaluación han de ser válidos en relación a los elementos del proceso formativo.

Los aspectos que determinan el grado de validez de los criterios de evaluación son:

- La relevancia.
- La no deficiencia.
- La no contaminación.
- Su fiabilidad.

El establecimiento de criterios válidos y fiables permitirá elaborar un proceso de evaluación de la formación que mida rigurosamente la eficacia y la eficiencia de la función formativa.

9. El seguimiento formativo

El seguimiento es un proceso continuo que sirve para evaluar la eficacia del uso de los recursos y para saber qué iniciativas se pueden emprender para mejorar el aprovechamiento de los recursos formativos.

El seguimiento, además de realizarse después de haber finalizado la planificación formativa, también se realiza antes de la acción.

9.1. Características

El seguimiento formativo permite evaluar los distintos componentes (desde los alumnos hasta todos los elementos que forman la programación) que intervienen en él durante todo el proceso de formación.

El seguimiento formativo se diferencia de la evaluación en que éste tiene que ver más con tareas organizativas, de coordinación, administrativas, etc.; sin embargo, la evaluación valora aspectos de los procesos de formación, como pueden ser la comunicación, el aprendizaje de los nuevos conocimientos, etc.

Con la realización adecuada de un seguimiento formativo:

- Se pueden **descubrir errores o desajustes** en el proceso de enseñanza-aprendizaje antes de que se realice la evaluación final para comprobarlos.
- Se pueden **corregir los errores** en el momento en el que se están produciendo.
- Además, **se detectan los aspectos positivos** que tienen lugar a lo largo de todo el proceso y las **posibles mejoras** que se pueden realizar.

El seguimiento formativo tiene que ser realizado por todas las personas que están implicadas en la realización de los cursos de formación (tutores, coordinadores, técnicos, etc.), por ello, el formador es una figura importante en el proceso de formación, ya que se encuentra implicado en él.

El proceso de formación debe estar planificado, pensado y planteado antes de que empiece la acción de formación, nunca debe llevarse a cabo de manera cerrada, sino que tiene que estar abierto a cualquier cambio que se considere necesario.

9.2. Finalidad

Son varias las finalidades que persigue el seguimiento formativo:

- Ayudar a comprender por qué ocurren algunas cosas y qué se puede hacer para intervenir en ese proceso que se está llevando a cabo.
- Identificar y solucionar los problemas que surgen a lo largo del proceso.
- Contribuir para elaborar planes de formación de manera objetiva, sin desviarse de la finalidad éste.
- Colaborar en la disminución y control del uso de los recursos materiales.
- Determinar el nivel que puede alcanzar el rendimiento y relacionarlo con el rendimiento actual.
- Diagnosticar y detectar problemas para llevar a cabo las acciones correctivas pertinentes.

9.3. Planificación

El seguimiento formativo debe planificarse antes y durante la acción formativa.

El objetivo de este seguimiento es comprobar la eficacia de la acción formativa antes de que ésta llegue a su fin, es decir, es necesario que durante este proceso todos los elementos que van a formar parte del aprendizaje estén planificados.

Los dos momentos que hay que tener en cuenta para planificar el seguimiento formativo son:

- **Antes de la acción formativa:** es necesario conocer las necesidades, el perfil del alumno, qué materiales, instrumentos, recursos, medios didácticos se van a usar.

- **Durante la acción formativa:** aquí el seguimiento se utiliza para comprobar los posibles errores y mejoras que se pueden llevar a cabo. Ofrece la posibilidad de poder modificar aquellas acciones o medios que dificultan el avance del aprendizaje.

10. Instrumentos para el seguimiento

A lo largo de un ciclo formativo pueden suceder errores y surgir problemas, esto abarca desde la identificación de necesidades hasta la planificación, el diseño, la implantación y la evaluación. Por todo esto, es importante saber cuál es la causa del problema y saber tomar las medidas oportunas para que no se origine nuevamente.

Para detectar el origen del problema, siempre se necesita una información determinada, ésta sólo se puede obtener mediante técnicas que ayuden a obtenerlas, es decir, que permitan recabar y analizar los datos obtenidos.

Para el seguimiento del proceso de enseñanza-aprendizaje, se pueden confeccionar diferentes tipos de instrumentos de evaluación, como pueden ser los cuestionarios y utilizar la observación directa, etc., si el tipo de formación lo permite (presencial o semipresencial). Estos instrumentos variarán según el tipo de datos que se quiera conseguir.

Un ejemplo de plantilla para recoger y analizar la información podría ser esta:

CURSO:		1º Módulo	2º Módulo	3ºMódulo
Objetivos del módulo	Suficiente			
	Insuficiente			
	Adecuado			
	Inadecuado			

Continúa en página siguiente >>

<< Viene de página anterior

CURSO:		1º Módulo	2º Módulo	3ºMódulo
Contenidos del módulo	Suficiente			
	Insuficiente			
	Adecuado			
	Inadecuado			
Metodología	Suficiente			
	Insuficiente			
	Adecuado			
	Inadecuado			
Actividades y recursos	Suficiente			
	Insuficiente			
	Adecuado			
	Inadecuado			
Recursos materiales	Suficiente			
	Insuficiente			
	Adecuado			
	Inadecuado			
Recursos humanos	Suficiente			
	Insuficiente			
	Adecuado			
	Inadecuado			
Proceso de evaluación	Suficiente			
	Insuficiente			
	Adecuado			
	Inadecuado			
Nivel de satisfacción del alumnado	Suficiente			
	Insuficiente			
	Adecuado			
	Inadecuado			

Para el seguimiento del aprendizaje, como la información que se obtiene es de diferente índole, se recogerá mediante la aplicación de las técnicas seleccionadas y elaboradas para la evaluación de cada uno de los aspectos planteados (observación directa de los trabajos, participación, cuestionarios acerca de la motivación y satisfacción del alumnado, etc.).

Por ejemplo, los contenidos que se podrían incluir en la "parrilla" de análisis son los siguientes:

CURSO		1er Módulo	2º Módulo	3er Módulo
Conceptos (comprende los contenidos conceptuales)	Con facilidad			
	Con normalidad			
	Con dificultad			
Procedimientos (aplica y desarrolla los contenidos procedimentales)	Con facilidad			
	Con normalidad			
	Con dificultad			
Actitudes (manifiesta las actitudes adecuadas a los contenidos)	Con facilidad			
	Con normalidad			
	Con dificultad			
Motivación y participación	Con facilidad			
	Con normalidad			
	Con dificultad			
Satisfacción del alumno	Con facilidad			
	Con normalidad			
	Con dificultad			

Dos de las herramientas básicas son:

- **Los diagramas de flujo:** éstos sirven para desglosar en forma de componentes, para presentar una clara imagen de lo que ocurre.
- **Los checklists:** éstos son especialmente útiles para garantizar que se han realizado todas las acciones necesarias. Es otro método de ayuda orientado a los formadores y participantes para preparar, utilizar y solucionar los problemas del equipamiento.

Otros métodos de seguimiento y control que pueden ayudar en la formación son:

- Las reuniones formales e informales.
- Pasar un informe de las sesiones, cuestionarios de satisfacción o formularios de evaluación del curso.
- Entrevistas de evaluación.

 **Recuerde**

Algunos de los instrumentos de seguimiento más utilizados son:

I Cuestionario de satisfacción
I Cuestionario de motivación
I Observación directa
I Reuniones formales e informales
I Entrevistas de evaluación

11. Metodología de la evaluación del diseño de formación

Los métodos empleados en la evaluación siempre suelen son los mismos, independientemente de que se evalúen los objetivos, los contenidos, los recursos, etc. A pesar de esto, hay que tener en cuenta que no se deben utilizar todos los métodos que se van a nombrar, sino que todo dependerá de lo que se esté evaluando.

Los métodos más frecuentes son:

- Observación sistemática.
- Observación mediante observadores externos o internos del grupo.
- Análisis de trabajo.
- Entrevistas personales.
- Situaciones de simulaciones.

- Diálogos, debates.
- Cuestionarios específicos.
- Inventarios.
- Grabaciones en vídeo.
- Etc.

11.1. Evaluación de los objetivos

Cuando se diseña el programa formativo, se deben concretar los objetivos que serán objeto de evaluación al finalizar el curso, para comprobar si éstos se han alcanzado o no.

Los objetivos marcan aquellos aspectos claves que debe adquirir el alumno para alcanzar unas competencias determinadas. Éstos determinarán lo que el alumno será capaz de saber y saber hacer al acabar el curso, en unas condiciones dadas y con unos medios determinados.

Si, al finalizar el curso, se observa que los objetivos no se han cumplido en su totalidad, hay que analizar cuál ha sido la causa de este error y corregirlos. Si se han cumplido los objetivos, habrá que determinar los motivos de éxito, para volver a ponerlos en práctica en futuros cursos.

Los objetivos marcados al inicio de la formación sirven para:

- Dirigir la formación, es decir, saber hacia dónde se quiere llegar con ésta.
- Comprobar qué se ha logrado.
- Facilitar la evaluación, ya que se sabe cuáles son los objetivos que hay que evaluar.
- Reorientar la formación en el mismo momento que se está realizando.
- Elegir los métodos más adecuados para la formación.

La evaluación de los objetivos debe medirse atendiendo a:

- **Objetivos generales:** son utilizados para saber cuáles son las competencias generales.
- **Objetivos específicos:** parten de los objetivos generales.

- **Objetivos operativos:** son derivados de los específicos. Son objetivos más concretos y siempre deben estar relacionados con actividades u operaciones determinadas. Son los más fáciles de medir.

Ejemplo

Objetivos específicos para evaluar un curso de primeros auxilios:

I Aprender los conceptos básicos y generales de los primeros auxilios.
I Adquirir las habilidades y aplicar los principios de actuación para poder reaccionar adecuadamente en situaciones de urgencia.
I Conocer los aspectos jurídicos relacionados.

11.2. Evaluación de los contenidos

La evaluación de los contenidos se realizará para comprobar si los objetivos que se habían marcado al principio de la formación se han logrado, así como para eliminar aquellos contenidos que no aportan nada al curso.

Se debe tener siempre en cuenta que se puede lograr un mismo objetivo de formación utilizando diversos contenidos.

Para evaluar los contenidos, hay que comprobar si se ha seguido una secuencia lógica a la hora de impartirlos. Esta secuencia permite que los contenidos sean adquiridos por los alumnos de una manera más significativa, es decir, facilita el aprendizaje de los mismos.

Para que la evaluación de los contenidos resulte positiva, éstos deben ir expuestos:

- De acuerdo con los objetivos propuestos y con los plazos previstos para conseguirlos.
- De lo conocido a lo desconocido.

- De lo inmediato a lo remoto.
- De lo concreto a lo abstracto.
- De lo fácil a lo difícil.

Otro aspecto a tener en cuenta para que la evaluación de los contenidos sea positiva, es que éstos se deben estructurar adecuadamente, por ejemplo, mediante módulos, unidades didácticas, etc. Éstas tienen que abarcar los conocimientos, las habilidades y las actitudes que capacitan al alumno para poner en práctica las funciones que desempeñará en su puesto de trabajo. Por lo general, se pueden constituir equivalencias entre objetivos generales y cursos, objetivos específicos y módulos, unidades didácticas, etc. así como entre objetivos operativos y sesión formativa,.

 Ejemplo

Siguiendo el ejemplo anterior de primeros auxilios, los contenidos que se evaluarán para comprobar si se han logrado o no los objetivos anteriormente propuestos, son:

| Primeros auxilios: conceptos generales.
| Soporte vital básico (reanimación cardio-pulmonar)-adultos.
| Soporte vital básico-niños.
| Soporte vital instrumental.
| Traumatismos osteoarticulares. Inmovilizaciones (vendajes y férulas improvisadas).
| Movilización de urgencia y posiciones de espera.
| Traumatismos craneales y vertebro-medulares.
| Otras situaciones de emergencia.

11.3. Evaluación de la metodología

La evaluación de la metodología consiste en comprobar que los métodos que se han utilizado son los adecuados para lograr los objetivos formativos, aunque éstos deben ser flexibles a la hora de utilizarlos, ya que deben adaptarse a la materia tratada, a los alumnos, a los recursos disponibles, etc.

Para conseguir que la evaluación de la metodología sea positiva, se deben tener en cuenta las características que se emplean para definir un método. Éstas pueden ser:

- Presentar y mostrar la problemática del tema para que, a través de la reflexión y el esfuerzo, el alumno pueda resolverla.
- Respetar tanto la libertad de expresión como de creación.
- Las actividades que están destinadas al alumno tienen que ser dirigidas por el formador para que el alumno reflexione y participe.
- Motivar al alumno, relacionando los temas con sus intereses, motivaciones y necesidades.
- Organizar los nuevos aprendizajes para que se integren con los ya adquiridos.
- Tener en cuenta las limitaciones y las posibilidades que tiene cada alumno.
- Dar lugar a la acción individualizada a través de tareas que requieran planteamientos y acciones individualizadas.

11.4. Evaluación de actividades y recursos

Las **actividades** son unos elementos que acompañan a los contenidos formativos, ya que éstas refuerzan los contenidos que son expuestos por el formador. Siempre debe existir coordinación entre ambos, para esto se deben seleccionar adecuadamente tanto los métodos como las técnicas.

Para evaluar las diversas actividades que se han desarrollado, hay que formular una serie de preguntas para saber si las actividades han sido eficaces o han fallado en su ejecución. Algunas de estas preguntas pueden ser:

- ¿Qué ha hecho el alumno?
- ¿Ha sabido aplicar los conocimientos necesarios para lograr resolver las actividades?
- ¿Valora y comprende la finalidad de la actividad?
- ¿Ha mostrado interés en la realización de la misma?
- ¿Qué ha aprendido?
- ¿Han sido válidas las actividades?

- ¿Cuáles han fallado? ¿Por qué?
- ¿Se han alcanzado los objetivos?
- Etc.

Junto con las actividades, los recursos también tienen que ser evaluados, ya que de ellos va a depender en cierta manera la eficacia de las actividades. Por eso, en la evaluación de los recursos hay que tener en cuenta la eficacia de aquellos que se han utilizado y cuáles son los que se hubieran necesitado para desarrollar el curso.

Se pueden distinguir varios criterios para evaluar la eficacia de los recursos:

- Su calidad, porque actúa como mediador entre la realidad y la estructura cognitiva del alumno.
- El contexto metodológico, ya que todo va a depender de la metodología usada por el formador.
- Los propios alumnos, sus motivaciones, intereses, etc.
- La experiencia del formador en el manejo de los diversos recursos, sus habilidades, etc.

También es necesario tener en cuenta qué evaluar de los recursos:

- La rentabilidad de éstos.
- El aprovechamiento para distintas finalidades.
- El mantenimiento.
- La actualización, deben adaptarse a las nuevas tecnologías.
- La adecuación al proceso de enseñanza-aprendizaje.
- Posibilitar la acción, estimular y responder a las curiosidades presentes en el alumnado.

11.5. Evaluación del formador

La figura del formador es muy importante a lo largo de todo el proceso formativo, ya que, en cierta manera, el éxito o el fracaso de la formación recae sobre él, por lo tanto, es imprescindible conocer previamente a la persona que va a impartir un curso.

El formador es el mediador entre los contenidos y los alumnos, por lo que debe evaluarse de forma continua y a lo largo de todo el proceso de enseñanza-aprendizaje, así como al final del proceso, momento en que se comprobará si los métodos y estrategias que ha diseñado y utilizado han sido los adecuados, introduciendo posibles modificaciones para las prácticas futuras.

La evaluación del formador se puede realizar desde varias vertientes, en cada una de ellas se evalúan aspectos diferentes, pero todas persiguen el mismo fin, que es fomentar la calidad de la formación.

Evaluación realizada por los alumnos

Los alumnos pueden evaluar aspectos como la relación del formador con los alumnos, la organización de las sesiones, el control de clase, la efectividad de la enseñanza, etc.

En la siguiente tabla se muestra un cuestionario a modo de ejemplo:

Marque la opción que más se adecúe a las características que prevalecieron a lo largo del curso

1. Las oportunidades que tuve para realizar preguntas en clase fueron:
   a. Frecuentes
   b. Regulares
   c. Escasas
   d. Muy escasas

2. El interés que mostró el formador respecto a los alumnos fue:
   a. Satisfactorio
   b. Regular
   c. Poco
   d. Muy pobre

3. El clima existente en el aula fue:
   a. Bueno
   b. Regular
   c. Tenso
   d. Malo

Continúa en página siguiente >>

<< Viene de página anterior

**Marque la opción que más se adecúe a las características
que prevalecieron a lo largo del curso**

4. En la prueba final se evaluaban los contenidos dados a lo largo del curso:
   a. Sí
   b. No

5. El material presentado en el curso fue:
   a. Original
   b. Poco original
   c. Nada original

6. Las actividades que realicé para asimilar los contenidos fueron:
   a. Útiles
   b. Regulares
   c. Pobres
   d. Inútiles

7. El contenido marcado para el curso se expuso en su totalidad:
   a. Sí
   b. No

8. El grupo de alumnos afectó a mi aprendizaje:
   a. De manera positiva
   b. De manera negativa
   c. No me afectó

9. El material audiovisual me pareció:
   a. Atractivo
   b. Regular
   c. Inadecuado

10. Los procesos, problemas y soluciones experimentados en el trabajo en
    grupo fueron:
    a. Bien planteados
    b. Regular planteados
    c. Mal planteados

11. Las exposiciones por parte del docente me parecieron:
    a. Buenas
    b. Regulares
    c. Malas

Continúa en página siguiente >>

<< Viene de página anterior

**Marque la opción que más se adecúe a las características
que prevalecieron a lo largo del curso**

12. La actuación del profesor durante el curso evidenció:
    a. Un elevado conocimiento de la materia
    b. Un mediano conocimiento
    c. Un escaso conocimiento

13. El profesor supo controlar las conductas perturbadoras sucedidas a lo largo
    del curso de forma:
    a. Eficaz
    b. Regular
    c. Ineficaz

14. El ritmo que siguió el profesor al exponer los contenidos me pareció:
    a. Muy bueno
    b. Satisfactorio
    c. Monótono

15. La secuencia de presentación de los contenidos del curso fue:
    a. Lógica
    b. Regular
    c. Arbitraria

16. La actuación del profesor despertó interés y motivación:
    a. Muchas veces
    b. Algunas veces
    c. Pocas veces
    d. Ninguna vez

Evaluación realizada por el propio formador

En esta evaluación, el formador va a evaluar la preparación del curso, el desarrollo del mismo, y también realizará una evaluación propia de su actuación como formador.

En la siguiente tabla se muestra un cuestionario a modo de ejemplo:

Marque la opción que más se adecúe a las características que prevalecieron a lo largo del curso

A. PREPARACIÓN DEL CURSO

1. ¿Cómo ha sido el tiempo con el que ha contado?
   a. Suficiente
   b. Insuficiente

¿Por qué? _____

2. ¿Cómo considera la distribución de las sesiones del curso?
   a. Adecuadas
   b. Inadecuadas

¿Por qué? _____

3. ¿Ha dispuesto de las guías didácticas del curso?
   a. Sí
   b. No

¿Por qué? _____

4. ¿Ha dispuesto de los recursos necesarios para la preparación de sus sesiones?
   a. Sí
   b. No

¿Cuáles le han hecho falta? _____

5. Teniendo en cuenta su nivel de formación, ¿ha necesitado apoyo por parte de la dirección del curso?
   a. Sí
   b. No

¿Cómo ha sido el apoyo? _____

B. DESARROLLO DEL CURSO

6. ¿El desarrollo de las sesiones (distribución y tiempo) se ha correspondido con la planificación prevista?
   a. Sí
   b. No

7. ¿La metodología utilizada para el desarrollo de las sesiones ha propiciado la participación e implicación del alumnado?
   a. Sí
   b. No

¿Por qué? _____

Continúa en página siguiente >>

<< Viene de página anterior

Marque la opción que más se adecúe a las características que prevalecieron a lo largo de curso

8. ¿Considera que el clima del curso ha sido el adecuado?
   a. Sí
   b. No

¿Por qué? _____

9. ¿El contexto donde se ha desarrollado el curso ha sido adecuado y oportuno?
   a. Sí
   b. No

¿Por qué? _____

10. ¿Ha conseguido los objetivos propuestos?
   a. Sí
   b. No

¿Por qué? _____

C. AUTOEVALUACIÓN

11. Evalúe de 1 a 4 los siguientes apartados relacionados con su intervención como formador, donde:
   1. Considero imprescindible mejorar mi formación en este aspecto.
   2. Considero necesario mejorar mi formación en este aspecto.
   3. Cuento con recursos necesarios para el desarrollo ajustado del curso, pero podría encontrar dificultades si éste cambia el rumbo prefijado.
   4. Mi formación al respecto es adecuada y dispongo de recursos suficientes para el desarrollo óptimo del curso.

	1	2	3	4
Dominio de los contenidos				
Metodología/didáctica empleada				
Comunicación con el alumnado				
Trabajo en equipo				

D. AMPLIACIÓN

Puede anotar a continuación cualquier aportación que desee realizar y no haya sido considerada en este cuestionario.

_____

_____

11.6. Tipos de evaluación

Existen diferentes tipos de evaluación, cada una se aplicará atendiendo a diferentes criterios.

Según su finalidad o función de la evaluación

Diagnóstica

Esta evaluación, como su nombre indica, tiene un carácter diagnóstico, ya que permite que se conozcan las potencialidades del alumno. De esta manera, la actividad didáctica se dirige de forma más efectiva.

Formativa

Se utiliza como estrategia para mejorar y ajustar los procesos formativos en el momento que se están llevando a cabo, para alcanzar las metas y los objetivos marcados. La evaluación formativa es aplicable a la evaluación de procesos.

Sumativa

Se aplica a la evaluación de productos terminados, es decir, se sitúa concretamente cuando finaliza un proceso, cuando éste se considera acabado. Su propósito es determinar el grado en que se han conseguido los objetivos establecidos, para evaluar de forma positiva o negativa el resultado. Esta evaluación permite tomar medidas tanto a medio como a largo plazo.

Según el momento de aplicación de la evaluación

Inicial

Se produce al principio del proceso de enseñanza-aprendizaje. La función que tiene la evaluación inicial es identificar el nivel de conocimientos que tienen los alumnos que inician un curso y, de esta manera, comprobar si los alumnos cuentan con los conocimientos necesarios para comenzarlo, y determinar si es posible impartirlo de acuerdo al programa formativo o si se requiere alguna modificación.

Procesual

La evaluación procesual se basa en valorar, de forma continua, el aprendizaje de los alumnos y la enseñanza del profesor, a través de la recogida sistemática de datos, toma de decisiones, etc.

La evaluación procesual es totalmente formativa, ya que, al favorecer la recogida continua de datos, permite tomar decisiones en el mismo momento que se considere necesario.

Los resultados que se obtienen forman la base permanente para el formador a la hora de programar las actividades diarias, así como para establecer las actividades y los procedimientos más apropiados. De esta manera, se evitan las dificultades que se puedan producir en los aprendizajes que se están llevando a cabo. La finalidad de todo esto es evitar errores y vacíos en los aprendizajes posteriores.

Final

La evaluación final es aquella que se realiza al finalizar la formación, por lo tanto ésta recoge y valora los resultados obtenidos a lo largo de un periodo formativo.

Según su extensión

Global

Tiene en cuenta todos los elementos y procesos que guardan relación con todo lo que es objeto de evaluación. Por ejemplo, si se trata de evaluar el proceso de aprendizaje de los alumnos, esta evaluación se centra en todas las áreas en general, pero sobre todo en los diversos tipos de contenidos de enseñanza (conceptos, procedimientos, valores, normas, etc.).

Parcial

Esta evaluación no se realiza de manera global, sino que se lleva a cabo por partes, es decir, evalúa los componentes que más interesan.

Según los agentes que realizan la evaluación

Autoevaluación o evaluación interna

Es el proceso sistemático mediante el cual una persona o grupo examina y valora sus procedimientos, comportamientos y resultados, para identificar qué quiere corregir o modificar en él. La evaluación interna muestra que los alumnos están más motivados a la hora de realizar una tarea difícil. La puesta en práctica de la autoevaluación no conlleva que el profesorado abandone sus funciones, sino que implica una concepción diferente de la enseñanza.

La autoevaluación ofrece al estudiante ayuda para descubrir sus necesidades, cantidad y calidad de su aprendizaje, causas de sus problemas, dificultades y éxitos en el estudio. De esta manera, el alumno puede conocerse de manera más concreta.

Heteroevaluación o evaluación externa

La evaluación externa es realizada o llevada a cabo por otra persona que no es el protagonista del aprendizaje. En esta evaluación, lo más frecuente es que el profesor evalúe al alumno.

TIPOS DE EVALUACIÓN	
Según su finalidad o función	- Diagnóstica - Formativa - Sumativa

Continúa en página siguiente >>

<< Viene de página anterior

TIPOS DE EVALUACIÓN

Según su momento de aplicación	- Inicial - Procesual - Final
Según su extensión	- Global - Parcial
Según los agentes que la realizan	- Autoevaluación o evaluación interna - Heteroevaluación o evaluación externa

Solucionarios de ejercicios de repaso y autoevaluación

Contenido

Solucionario 1
Mecanizado de madera y derivados

Solucionario Capítulo 1

1. **¿Qué se conoce como madera labrada?**

    a. El tronco una vez limpio de corteza y cuadrado.
    b. El tronco seleccionado y agrupado según su largo y diámetro.
    c. **El tronco una vez limpio de impurezas y cuadrado.**
    d. El tronco una vez limpio y secado convenientemente.

2. **Uno de los métodos de corte que fundamentalmente se realizan en los aserraderos se llama...**

    a. ... pieza enteriza.
    b. ... despiece en T.
    c. ... troceado inglés sobre cuarterones.
    d. **Las opciones a y c son correctas.**

3. **Las piezas de sección rectangular que presentan sus aristas vivas, con un grueso de 5 a 10 cm, un ancho de 10 a 30 cm y un largo de 2 a 10 m, se denominan...**

    a. ... vigas.
    b. **... tablones.**
    c. ... cachones.
    d. ... listones.

4. **Uno de los tableros que mejor admite las pinturas o lacas es:**

    a. **Tablero de fibra o MDF.**
    b. Tablero alistonado de madera.
    c. Tablero contrachapado.
    d. Todas las opciones son incorrectas.

5. **Los tableros manufacturados presentan una serie de ventajas en su utilización respecto a la madera natural, una de las cuales es:**

   a. No les afecta la humedad, siendo más recomendable su uso para exterior que el de la madera natural.
   b. Ausencia de juntas, defectos o deformaciones.
   c. En general, su precio en el mercado es más económico.
   d. **Las opciones b y c son correctas.**

6. **En general, las prestaciones que un tablero contrachapado puede ofrecer vienen determinadas por...**

   a. ... principalmente el grosor de las láminas que lo componen.
   b. ... la calidad de la madera empleada en su fabricación.
   c. **... la calidad de sus láminas y el tipo de adhesivo empleado en su fabricación.**
   d. ... la calidad de las chapas exteriores.

7. **Según la norma UNE-EN 622-5, los tableros de fibra tienen una amplia clasificación dependiendo de su uso. Los llamados MDF. LA se usan según la norma para...**

   a. ... uso general en ambiente húmedo.
   b. **... uso estructural en ambiente seco.**
   c. ... uso general en ambiente seco.
   d. ... ultraligeros para aplicaciones no estructurales, en ambientes generalmente húmedos.

8. **Según la norma UNE-EN 312, en lo referente a los tableros de partículas, ¿cuál sería el tablero ideal para usos estructurales de altas prestaciones para ambientes secos?**

   a. P1
   b. P7
   c. **P6**
   d. Las opciones a y c son correctas.

9. Un tipo de tablero de madera maciza muy utilizado en carpintería es el llamado tablero macizo multicapa, que está formado por...

    a. **... dos capas externas de listones de madera dispuestos en el sentido longitudinal del tablero y al menos una capa interior perpendicular a las capas externas.**

    b. ... cuatro capas externas de listones de madera dispuestos en el sentido longitudinal del tablero y al menos una capa interior perpendicular a las capas externas.

    c. ... dos capas externas de listones de madera dispuestos en el sentido transversal del tablero y al menos dos capas interiores perpendiculares a las capas externas.

    d. Todas las opciones son correctas.

10. Se denomina tablero crudo o desnudo...

    a. ... al que incorpora algún tipo de revestimiento superficial.

    b. **... al que no incorpora ningún tipo de revestimiento superficial.**

    c. ... al que incorpora una o más láminas o filmes (plásticos, resinas, papel impregnado, chapa decorativa, etc.).

    d. ... a aquel al que se le aplica un producto de acabado (barniz, laca, tapaporos, etc.).

11. El uso de los tableros con recubrimientos de melanina están muy extendido en la industria, siendo una de sus principales aplicaciones...

    a. ... puertas de mucho uso (colegios, grandes almacenes, etc.).

    b. ... mobiliario de oficina, de cocina y de baño.

    c. ... cualquier tipo de mueble que esté sometido a un desgaste muy intenso.

    d. **Todas las opciones son correctas.**

12. En la nomenclatura de puertas y ventanas, se denomina largueros o montantes...

    a. ... a las piezas horizontales que se disponen en las puertas y dotan a estas de su anchura total.

    b. **... a las piezas verticales que se disponen a la izquierda y a la derecha de las puertas y dotan a esta de su altura total.**

    c. ... a las piezas auxiliares que se colocan en posición horizontal a todo el ancho del mueble y justo debajo del panel inferior.

    d. ... a los montantes intermedios que sirven de separación a los paneles.

13. **La medición mediante higrómetros es el método más habitual para medir la humedad contenida en la madera. Se basa en la medición de la resistencia que ofrece la madera al paso de la corriente eléctrica, que está directamente relacionada con la cantidad de agua que contenga en su interior. Para realizar una correcta medición, se deberá...**

    a. ... comparar el peso de una muestra de madera en estado natural con su peso una vez que ha sido sometida a un secado total acelerado aplicando una estufa.

    b. ... introducir los cuatro electrodos que tiene el dispositivo dentro de la madera y conectarlos al aparato de lectura digital o analógico.

    c. **... introducir los dos electrodos que tiene el dispositivo dentro de la madera y conectarlos al aparato de lectura digital o analógico.**

    d. Todas las opciones son incorrectas.

14. **Uno de los materiales que se utiliza para el recubrimiento de los cantos de los tableros manufacturados es:**

    a. Usar láminas de PVC.

    b. Usar listones de conglomerados de madera.

    c. Usar chapas de madera.

    d. **Las opciones a y c son correctas.**

15. **Para el lijado de maderas de especies blandas y afinados de las superficies arañadas con lijas usadas anteriormente de granos más bastos, se usa lija de grano...**

    a. ... grueso (grano 60).

    b. ... medio (grano 60).

    c. **... medio (grano 80).**

    d. ... muy fino (grano 240 en adelante).

16. ¿Qué miden exactamente las siguientes dimensiones?

    a. Espesor. **Distancia existente entre las dos caras de la pieza.**
    b. Anchura. **Distancia existente entre los dos cantos de la pieza.**
    c. Longitud. **Distancia existente entre las dos cabezas de la pieza.**
    d. Sección transversal. **Anchura y espesor de la pieza.**
    e. Medida nominal. **Resultado de medir una dimensión para un tipo de humedad de referencia (habitualmente del 20 %).**
    f. Medida real. **Resultado de medir una dimensión con el contenido de humedad real de la madera.**

17. ¿Qué diferencia las vigas de las viguetas?

Ambas son piezas de sección rectangular y aristas vivas, pero la diferencia radica en sus dimensiones:

▌ Vigas → Longitud: 4-10 m; sección: 15 x 20 cm – 25 x 35 cm.
▌ Viguetas → Longitud: 5 m como máximo; sección: 8 x 8 cm – 15 x 15 cm.

18. **¿Qué material tiene mayor estabilidad dimensional, la madera natural o el MDF? Razone su respuesta.**

Los tableros de fibra o MDF poseen una estabilidad dimensional mayor que la madera maciza, ya que un tablero de MDF tiene la misma densidad en todos los puntos del tablero, conseguida gracias al prensado.

19. **De todos los tableros vistos en el capítulo, ¿cuál de ellos es el más barato de fabricar?**

La fabricación del tablero de aglomerado o de partículas es la más barata, ya que utiliza todos los restos desechados de otras fabricaciones, de restos de serrerías de madera natural, etc., por lo que su materia prima es más barata.

20. Cumplimente la siguiente tabla para reflejar las ventajas e inconvenientes de los tableros manufacturados respecto a la madera natural.

TABLEROS MANUFACTURADOS *VERSUS* MADERA NATURAL	
Ventajas	**Inconvenientes**
Mayor estabilidad, mayor uniformidad de superficie. Mejor acabado final de la pieza. Menor presencia de juntas, defectos o deformaciones. Mayor resistencia a los cambios de temperatura (frío/calor). Posibilidad de obtener dimensiones superiores a las posibles en la madera natural. Resistencia al ataque de insectos y moho. Precio más económico.	Son muy sensibles a la humedad, llegando a hincharse considerablemente en contacto directo con el agua. Su reparación es muy difícil, en caso de rotura o arañazos. En las operaciones de lijado pueden producirse daños en las piezas.

Solucionario Capítulo 2

1. Antes de comenzar con la fabricación de cualquier producto de madera, es fundamental la realización de un proyecto inicial donde se especifiquen todos los aspectos fundamentales del mismo. La persona encargada de realizarlo deberá estar capacitada y poseer conocimientos en...

    a. ... buscar el método constructivo más rápido y fiable, a la vez que tiene en cuenta una perfecta técnica constructiva de la pieza y las herramientas y utillajes más idóneos para cada caso.

    b. ... la realización de facturas y presupuestos.

    c. ...coordinación y orden de elaboración de las distintas fases implicadas en la fabricación de la pieza de madera.

    d. Las opciones a y c son correctas.

2. Desde el punto de vista de la fabricación de productos de madera y mueble, ¿qué es una hoja de despiece?

    a. Documento necesario previo a la mecanización donde se especifican todas las medidas (largo x ancho x grueso), el tipo de material, su denominación (costado, trasera, zócalo, etc.), así como un código que identifique durante todo el proceso de fabricación cada una de las piezas que componen el mueble u objeto de madera.

    b. Documento necesario previo a la mecanización donde se especifican todas las medidas (largo x ancho x grueso) y el tipo de material de cada una de las piezas que componen el mueble u objeto de madera.

    c. Documento donde se presentan todos los detalles constructivos fundamentales y que servirá de base para confeccionar la lista de materiales y determinar las operaciones que se deben realizar en las distintas máquinas.

    d. Todas las opciones son incorrectas.

3. ¿Qué son las hojas de procesos?

    a. Documentos que contienen el máximo de información posible de las diferentes piezas del objeto que se ha de mecanizar y detallan todos los elementos necesarios de la operación.

    b. Breve explicación que solo se usa en las fabricaciones unitarias o a pequeña escala.

c. Resumen donde se hace una breve descripción de las distintas operaciones que se deben realizar para poder ejecutar el trabajo con las máximas garantías de éxito.

d. Las opciones a y c son correctas.

4. Para la fabricación unitaria o a pequeña escala, se deberá tener en cuenta lo siguiente:

a. No es necesario detallar las distintas fases de ejecución, ya que normalmente un mismo operario es el que comienza y finaliza el trabajo.

b. Sobre un croquis o plano, se deberá estudiar el tipo de construcción y el orden más adecuado y no se usarán plantillas complicadas, a no ser que estas sean imprescindibles para la realización del trabajo.

c. Para empezar con el mecanizado de las distintas piezas, bastará con una nota de madera donde se desglosen todas las piezas del mueble con sus medidas.

d. Todas las opciones son correctas.

5. Una de las principales áreas de control de producción que se debe tener en cuenta en el mecanizado es:

a. La realización del croquis o plano de fabricación.

b. Control y evaluación de la calidad.

c. La fabricación de plantillas adecuadas al trabajo a realizar.

d. Todas las opciones son correctas.

6. La programación de la producción puede entrañar diferentes grados de dificultad, ya que existen varios métodos de producción. Los principales son:

a. Tres: método de producción continuo, en serie e intermitente.

b. Tres: método de producción unitario, en serie e intermitente.

c. Dos: método de producción unitario o en serie.

d. Todas las opciones son incorrectas.

7. ¿Qué son los gastos de fabricación?

    a. Están formados principalmente por la materia prima empleada en la producción y la mano de obra.

    b. Son los gastos generados por el alquiler o compra de locales, maquinarias, etc., y también los ocasionados por el mantenimiento de los servicios básicos.

    c. Son la mano de obra y materiales con un coste indirecto.

    d. Todas las opciones son correctas.

8. ¿Qué se define como proceso de fabricación de un mueble o elemento de madera?

    a. El procedimiento productivo en serie o unitario.

    b. Las distintas fases, etapas o pasos que se deben seguir para elaborar una pieza u objeto de madera.

    c. La descripción detallada del proceso de fabricación.

    d. Todas las opciones son correctas.

9. La producción en serie hace más competentes a las fábricas y talleres de carpintería, ya que su función y objetivo principal es:

    a. Abaratar los costes de producción.

    b. Mejorar la calidad de los productos.

    c. Realizar los trabajos de manera artesanal.

    d. Todas las opciones son correctas.

10. Para la fabricación en serie, es muy recomendable realizar...

    a. ... un prototipo que sirva de ejemplo y que deberá realizarse de manera convencional y montarse sin cola, a fin de que sirva de estudio y anotar las posibles dificultades que se puedan encontrar.

    b. ... varios prototipos distintos que sirvan de ejemplo y que deberán realizarse de manera convencional y montarse sin cola, a fin de que sirvan de estudio para elegir el mejor método constructivo.

    c. ... la fabricación de plantillas.

    d. Las opciones a y c son correctas.

11. ¿Qué información contiene la hoja de despiece? ¿Qué relación tiene este documento con el plano del producto?

La hoja de despiece es el documento en el que se detallan todas las piezas que componen un producto que se prevé fabricar. En ella se indican, además, las medidas de cada pieza, el tipo de material indicado, su denominación como pieza y la asignación de un código que las identifique durante todo el proceso de fabricación.

Este documento está muy relacionado con el plano del producto, ya que se basa en el diseño que figure en el plano, de forma que, sin este, la hoja de despiece no puede hacerse.

12. ¿Es necesario contar con las hojas de proceso para la fabricación unitaria o a pequeña escala?

No, la hoja de proceso es un documento necesario para la producción en serie de una pieza de madera. En ella aparece una breve descripción de las distintas operaciones que deben realizarse para poder ejecutar el trabajo con las máximas garantías de éxito. Como mínimo, debe contener la siguiente información:

- Características de la pieza (material, si es pieza completa o subconjunto de otra, número de referencia, etc.).
- Breve descripción de la operación que debe realizarse (orden de ejecución, máquina o equipo necesario, posibles cambios, etc.).
- Información adicional (nombre del operario y fecha de ejecución).
- Esta información, como puede deducirse, solo es necesaria en la producción en serie y no en la producción a pequeña escala, donde frecuentemente el mismo operario realizará todas las operaciones.

13. De los siguientes, diga cuáles son costos directos y cuáles gastos indirectos.

Costos directos:

- Compra de materia prima.
- Mano de obra.

Gastos indirectos:

- Gasto en alquiler del local de trabajo.
- Compra de maquinaria.
- Gasto en electricidad.

Solucionario Capítulo 3

1. **El transporte del material (madera, tableros, mueble acabado, etc.) deberá realizarse siempre en las mejores condiciones de seguridad, rapidez y eficacia. Una de las medidas que se pueden adoptar en los almacenes de muebles para simplificar y abaratar los costes de manipulación es:**

   a. Aumentar la velocidad, eficacia y capacidad de los medios técnicos.
   b. Usar, siempre que sea posible, la unidad de manipulación por medio de palés, contenedores, etc., con la máxima capacidad posible y compatible con las características del mueble (tamaño, forma, tipo de material, etc.).
   c. Reducir al máximo las distancias de movimiento de los muebles y trabajadores dentro del almacén.
   d. **Todas las opciones son correctas.**

2. **El paletizado es uno de los sistemas más empleados y eficaces para trasladar y mover los materiales en los talleres y fábricas. Se considera una de las mejores prácticas dentro del manipulado usando medios mecánicos porque...**

   a. ... es un sistema muy eficaz capaz de mover de una sola vez un gran número de muebles, cajas, etc.
   b. ... es posible salvar desniveles durante el manipulado de la carga.
   c. ... se optimiza el uso de los recursos y la eficiencia de los procesos que se realizan en la cadena de distribución del mueble.
   d. **Las opciones a y c son correctas.**

3. **En la industria de la madera y el mueble, ¿a qué se le denomina palé?**

   a. **A la unidad de manipulación y de carga de piezas de madera más utilizada en las operaciones físicas de la cadena logística.**
   b. Al grupo de manipulación y de carga de piezas de madera utilizado en las operaciones físicas de la cadena logística.
   c. A la herramienta que está constituida de una plataforma recubierta de una placa de metal, madera o plástico, atornillada al cuerpo o chasis.
   d. Todas las opciones son incorrectas.

4. **Según su base, los palés usados para el transporte de cargas de madera pueden ser:**

   a. De dos entradas.
   b. De dos entradas y de cuatro entradas.
   c. De cuatro entradas.
   d. De tres y cinco entradas.

5. **La transpaleta es uno de los sistemas más empleados para el transporte de mercancías debidamente paletizadas. Los tipos más empleados en la industria del mueble son:**

   a. La transpaleta doble y la simple.
   b. La transpaleta mecánica y la eléctrica.
   c. La transpaleta neumática y la manual.
   d. La transpaleta manual y la motorizada.

6. **En el manejo de las mercancías, ¿a qué se denomina máquinas apiladoras?**

   a. A las que disponen de una gran capacidad para manipular cargas muy pesadas, contando para ello con un contrapeso en la parte posterior para evitar el vuelco de la máquina.
   b. A las que disponen de horquillas que se pueden extender o contraer frontalmente, permitiendo llevar a cabo movimientos de carga de gran precisión.
   c. A las máquinas con capacidad de elevación de la mercancía, que son idóneas para el almacenaje de productos en vertical, dispuestos en estanterías. Pueden tener un sistema de accionamiento manual o eléctrico.
   d. Todas las opciones son incorrectas.

7. **Uno de los principales aspectos a tener en cuenta a la hora de elegir una carretilla de mano es:**

   a. Uso y/o distancias que se vayan a recorrer.
   b. Tipo de pavimento, irregularidades del terreno y obstáculos a salvar.
   c. Características generales de los muebles a transportar (tamaño, peso, forma, etc.).
   d. Todas las opciones son correctas.

8. Los carros de cuatro ruedas son muy eficaces en el transporte de muebles y materiales para recorrer distancias más largas que con el carrito de dos ruedas, no se aconsejan. Presentan el inconveniente de que...

    a. ... son más inestables que las carretillas de dos ruedas.
    b. ... no pueden salvar desniveles en forma de escalones.
    c. ... no se recomiendan para recorrer distancias de más de 20 m.
    d. Las opciones a y c son correctas.

9. Durante el manejo de las transpaletas manuales, uno de los consejos más importantes a tener en cuenta es:

    a. Procurar, siempre que sea posible, elevar la carga utilizando solo un brazo de la horquilla.
    b. Introducir las horquillas por la parte más ancha de la paleta hasta el fondo por debajo de la carga, asegurándose de que las horquillas estén bien separadas bajo la paleta.
    c. Comprobar que la longitud de la paleta es menor que la longitud de las horquillas, ya que estas deben sobresalir.
    d. Comprobar que el peso de la carga a levantar es el adecuado a la capacidad de carga de la transpaleta y que estas estén perfectamente equilibradas.

10. La capacidad de carga de las transpaletas motorizadas es más elevada que la transpaleta manual, oscilando entre:

    a. 1.000 y 4.000 kg.
    b. 2.000 y 4.000 kg.
    c. 3.000 y 5.000 kg.
    d. 1.000 y 7.000 kg.

11. ¿Cuál es la principal limitación de la carretilla contrapesada?

Debido a sus grandes dimensiones, su uso está muy limitado en pasillos estrechos.

12. ¿Cuál es la principal utilidad de la carretilla retráctil?

Su principal utilidad, que la diferencia del resto, es la posibilidad que ofrecen sus horquillas, que pueden extenderse o contraerse frontalmente, permitiendo llevar a cabo movimientos de carga de gran precisión.

Solucionario Capítulo 4

1. **La maquinaria básica para trabajar la madera tiene una serie de elementos y partes fundamentales, como por ejemplo...**

   a. ... motor, cuchillas, bancada, mesa y ejes.
   b. **... motor, trasmisión, bancada, mesa y ejes.**
   c. ... motor, la trasmisión, bancada, sistema de alimentación y ejes.
   d. ... motor, correas, bancada, mesa y ejes.

2. **En operaciones de corte y seccionado de madera, ¿cuáles son las máquinas que permiten la realización de cortes curvos?**

   a. **La sierra de cinta o sin fin.**
   b. La sierra circular horizontal o de mesa.
   c. La sierra circular de pared.
   d. La máquina tronzadora.

3. **La sierras de cinta son máquinas fijas que desarrollan una potencia de motor que oscila entre...**

   a. ... 2 y 9,5 caballos de potencia (según modelo).
   b. ... 5 y 7,5 caballos de potencia (según modelo).
   c. **... 2 y 7,5 caballos de potencia (según modelo).**
   d. Todas la opciones son incorrectas.

4. **¿Qué se denomina triscado?**

   a. **Es la alternancia de los dientes derecha a izquierda, lo cual permite una mayor abertura del corte y evita la fricción durante el corte de la madera.**
   b. Es la disposición de los dientes hacia la derecha, lo cual permite una mayor abertura del corte y evita la fricción durante el corte de la madera.
   c. Es el tipo de aleación de metal usado en la sierras de cinta.
   d. Es la capacidad de corte de las sierras según la disposición de sus dientes.

5. **Algunos de los cortes a través y en ángulo más habituales que se pueden realizar con las máquinas tronzadoras son:**

   a. Corte paralelo a 90°, cortes paralelos de piezas iguales usando topes y cortes a inglete 45°.

   b. Corte perpendicular a 45°, corte perpendicular de piezas iguales usando topes y cortes a inglete 90°.

   c. Corte perpendicular a 90°, corte perpendicular de piezas iguales usando el metro y cortes a inglete 45°.

   d. **Corte perpendicular a 90°, corte perpendicular de piezas iguales usando topes y cortes a inglete 45°.**

6. **¿Cuáles son las máquinas más idóneas para realizar el seccionado de tableros manufacturados?**

   a. Sierra tronzadora y sierra circular vertical o de pared.

   b. Sierra circular horizontal o de mesa y sierra de cinta.

   c. **Sierra circular horizontal o de mesa y sierra circular vertical o de pared.**

   d. Sierra circular horizontal o de pared y sierra circular vertical o de mesa.

7. **¿Qué es la cuchilla abridora?**

   a. Es una medida de protección de la máquina.

   b. **Es una pieza de metal que poseen las sierras circulares de mesa que evita que el corte realizado se cierre y aprisione al disco de corte.**

   c. Es el eje principal contiene la sierra de corte. Está sujeta a 90° de la mesa de trabajo y el eje queda libre de la hoja de corte por un extremo.

   d. Todas las opciones son incorrectas.

8. **¿Cuáles son los tipos de disco más adecuados para el corte de tableros melamínicos, DM y aglomerados?**

   a. **Hojas con punta de carburo tungsteno o widia**

   b. Hojas universales

   c. Hojas de corte a través

   d. Discos de corte al hilo

9. Uno de los cortes al hilo o paralelos a la fibra de la madera más habituales que se pueden realizar con las sierras de mesa es:

    a. Corte al hilo de un tablero ancho.
    b. Corte al hijo de un tablero estrecho.
    c. Corte al hilo de un bisel.
    d. Todas las opciones son correctas.

10. En el seccionado de piezas a través, ¿en qué consiste el corte de piezas idénticas?

    a. En el corte de piezas idénticas usando para ello el soporte de la mesa.
    b. En el corte de piezas exactamente iguales de largo, usando para ello la guía de ingletes o la mesa deslizante, colocando previamente un tope con el largo adecuado.
    c. En el sistema para el seccionado, usando para ello regla de medir.
    d. Las opciones a y c son correctas.

11. Una de las ventajas principales del uso de las sierras seccionadoras verticales de tableros es:

    a. Proporcionan un ahorro considerable de espacio en el taller.
    b. Permiten la realización de otro tipo de trabajos, como rebajes, moldurados, etc.
    c. Es posible cortar con ellas piezas muy pequeñas de madera o tablero.
    d. Todas las opciones son correctas.

12. ¿Cuál es el objetivo principal del cepillado y regruesado de la madera?

    a. Dejar las piezas de madera perfectamente lisas y pulidas para aplicarles el producto de acabado (barniz, laca, etc.).
    b. Finalizar las piezas de madera a las medidas preestablecidas y que estas, a su vez, presenten una escuadría y un paralelismo aproximados.
    c. Finalizar las piezas de madera a las medidas preestablecidas y que estas, a su vez, presenten una escuadría y un paralelismo lo más perfectos posible.
    d. Las opciones a y c son correctas.

13. La profundidad máxima de corte aconsejable en las cepilladoras oscila entre...

    a. ... 2 y 3 mm (según modelo).
    b. ... 8 y 10 mm (según modelo).
    c. ... 5 y 8 mm (según modelo).
    d. No existe una profundidad máxima recomendada en las máquinas cepilladoras.

14. ¿Cómo debe realizarse el graduado de las mesas anterior y posterior en la máquina cepilladora?

    a. La mesa izquierda (posterior) debe quedar a nivel con la parte superior en la que están las cuchillas y la parte de la mesa derecha (anterior) es la que baja según se quiera el corte más o menos superficial.
    b. La mesa derecha (anterior) debe quedar a nivel con la parte superior en la que están las cuchillas y la parte de la mesa izquierda (posterior) es la que baja según se quiera el corte más o menos superficial.
    c. La mesa anterior y posterior deben quedar siempre al mismo nivel respecto al eje portacuchillas.
    d. Todas las opciones son incorrectas.

15. En la fase de cepillado, en ocasiones, debido al excesivo abarquillamiento de las piezas (sobre todo las de gran longitud), será necesario realizar varias pasadas hasta dejar completamente plana la superficie de la madera. Para ello, será necesario...

    a. ... realizar muy pocas pasadas hasta el lugar exacto donde no llegan las cuchillas a tocar la madera.
    b. ... realizar varias pasadas seguidas desde el centro de la tabla hasta el inicio de la misma y, a continuación, voltear la pieza y proceder de la misma forma en la cabeza contraria de la tabla.
    c. ... realizar varias pasadas seguidas desde el principio de la tabla hasta el lugar exacto donde no llegan las cuchillas a tocar la madera y, a continuación, voltear la pieza y proceder de la misma forma en la cabeza contraria de la tabla.
    d. Las opciones a y c son correctas.

16. ¿Cómo debe procederse para el cepillado o regruesado de una tabla que presente la fibra revirada?

   a. Realizar el cepillado o regruesado de la pieza de principio a fin sin parar en ningún momento.
   b. Cepillar en el sentido contrario a la fibra.
   c. Cepillar la pieza desde el extremo inicial hasta el final sin pararse en ningún punto.
   d. **Cepillar desde el centro a los extremos en ambas direcciones.**

17. ¿Cuál es la función principal de la máquina regruesadora para madera?

   a. Realizar el seccionado de las piezas de madera y tableros.
   b. Dejar la madera con el ancho y grueso final que se necesita, sin necesidad de realizar el cepillado previamente de su cara y canto.
   c. **Dejar la madera con el ancho y grueso final que se necesita, habiendo cepillado previamente su cara y su canto.**
   d. Todas las opciones son incorrectas.

18. ¿Cuál es la profundidad máxima de corte recomendable en las máquinas regruesadoras?

   a. **Dependiendo del modelo de la máquina, hasta el grosor máximo de 5 a 8 mm, no siendo aconsejable arrancar más de 3 o 4 mm de madera de una sola pasada, ya que la calidad del afinado sería muy baja.**
   b. Dependiendo del modelo de la máquina, hasta el grosor máximo de 8 a 15 mm, no siendo aconsejable arrancar más de 10 mm de madera de una sola pasada, ya que la calidad del afinado sería muy baja.
   c. Dependiendo del modelo de la máquina, hasta el grosor máximo de 3 mm, no siendo aconsejable arrancar más de 2 mm de madera de una sola pasada, ya que la calidad del afinado sería muy baja.
   d. No existe un límite mínimo recomendable de grueso de pasada.

19. La sierra circular es probablemente la primera que empezó a utilizarse en los inicios de mecanizados de ensambles y espigas. Con ella, se pueden realizar espigas de una gran calidad y precisión, como por ejemplo...

   a. ... ensambles a media madera.
   b. ... ensambles a cola de milano.

    c. ... realización de espigas.

    d. Las opciones a y c son correctas.

20. **La realización de ensambles y espigados usando la máquina tupí es un sistema de producción muy usado en carpintería. Presenta como inconveniente principal que...**

    a. ... no es capaz de realizar el espigado de multitud de piezas seguidas de una sola pasada.

    b. ... requiere de bastante tiempo de preparación para realizar el trabajo con seguridad.

    c. ... no se pueden realizar espigados con una alta precisión.

    d. ... en general, es un sistema menos seguro para el operario.

21. **¿Para qué sirven las máquinas escopleadoras? ¿Cuáles son las más importantes?**

Las máquinas escopleadoras sirven para hacer huecos, agujeros y cajas para todo tipo de uniones. Las más importantes son la escopleadora vertical con broca o cadena, horizontal con broca y escopleadora automática.

22. **¿Qué diferencia principal existe entre la escopleadora vertical con broca y la de cadena?**

Su principal diferencia radica en que la escopleadora vertical de cadena realiza un cajeado con las aristas completamente cuadradas, eliminando la necesidad de redondear las espigas.

23. **Las fresas más comunes son las que están fabricadas de en sola pieza y cuyos filos cortantes están realizados en el mismo soporte de la herramienta, pero presentan un inconveniente que limita su uso, ¿cuál es este inconveniente?**

Su principal limitación radica en que, al cortar maderas arenosas o duras (sapely, cedro, roble, etc.) o tableros manufacturados, el filo de la herramienta pierde el corte con mucha rapidez, por lo que solo se aconseja su uso en maderas blandas.

24. ¿Cuáles son las principales operaciones que pueden realizarse con la máquina tupí?

La máquina tupí permite espigar, realizar machihembrados y ranurar.

25. ¿Cuál es uno de los trabajos realizados con la máquina tupí que ocasiona accidentes de mayor gravedad?

El trabajo que mayor número de accidentes graves puede ocasionar, por lo que hay que extremar las medidas de seguridad, es el fresado de piezas a mesa libre, es decir, sin la ayuda del soporte de la mesa.

26. ¿En qué consiste el sistema de colocación de cantos preencolados?

Usa como principio activador la cola que lleva incorporada la propia chapa de cantear.

27. ¿Cuál es la principal ventaja que presenta el uso de las máquinas aplacadoras de cantos industriales?

Su principal ventaja se fundamenta en que permite encolar tableros de todos los anchos posibles, además de permitir encolar cualquier tipo de material en rollos o tiras para el chapado.

28. ¿En qué consiste el efecto de la lijas llamado embotamiento?

En el entremezclado de la propia resina de la madera con el polvo desprendido al lijar, lo que provoca que se adhiera a la lija y esta deje de cortar.

29. Enuncie las medidas de precaución que se deben tomar para conservar en buen estado las lijas y bandas usadas en las máquinas fijas y portátiles.

Para la correcta conservación de las lijas y bandas, deben seguirse las siguientes indicaciones:

■ No deben almacenarse en lugares húmedos, porque pueden absorber humedad del ambiente, provocando su cambio de longitud, haciendo muy dificultoso o imposible montarlas en los rodillos de las máquinas.

▮ Las lijas deben guardarse en locales con un nivel de temperatura y humedad adecuados (entre 15 y 20 °C con una humedad relativa del 50 al 65 %) para evitar que el grano se despegue del papel o tela que lo sustenta.

30. ¿Cuál es la diferencia principal de la mesa elevadora respecto a los sistemas clásicos de apilado por la que se considera como la evolución del apilado clásico paletizado?

La mesa elevadora permite, mediante un sistema eléctrico, la subida y bajada de la mesa donde se sitúa la carga, permitiendo adaptarse a las medidas de altura tanto del operario como de las mesas de trabajo de las máquinas.

Solucionario Capítulo 5

1. **Una de las ventajas principales que ofrecen las seccionadoras verticales de tableros es:**

    a. Que son más económicas y rentables a largo plazo.
    b. Que ocupan poco espacio en el taller o fábrica.
    c. **Que pueden ser graduadas y adaptadas a las características de producción de cada empresa (velocidad de corte).**
    d. Todas las opciones son correctas.

2. **¿Cómo se realiza el despiece previo de los tableros antes de iniciar el proceso de corte con la máquina seccionadora?**

    a. **Usando un *software* que carga y procesa la información necesaria para realizar el corte.**
    b. Mediante un despiece realizado a mano por el operario, el cual ajusta el material para obtener el mayor número de piezas posibles con el mínimo desperdicio posible.
    c. Mediante el dibujo previo de un croquis a mano alzada.
    d. Las opciones a y b son correctas.

3. **Las líneas de producción para el canteado, escuadrado y perfilado de tableros se pueden adquirir con una gran capacidad productiva de hasta 15 piezas diferentes en línea por minuto, consiguiendo un escuadrado y canteado del tablero perfecto. Presentan el inconveniente de...**

    a. ... su alto precio.
    b. ... que son muy difíciles de manejar.
    c. ... que son máquinas muy voluminosas que necesitan muchos m² de espacio disponible en la fábrica o taller.
    d. **Las opciones a y c son correctas.**

4. ¿En qué tipos de industrias transformadoras de la madera son más útiles y empleadas las taladradoras en línea?

    a. En la industria del mueble en general.

    b. En las fábricas de puertas y ventanas.

    c. Sobre todo en la industria del mueble modular y cocinas y en la fabricación de los muebles llamados en kit.

    d. En la fabricación de revestimientos de paredes, techos y suelos.

5. ¿Cuándo se debe realizar la fase de taladro y perforado de los tableros?

    a. Siempre antes de iniciar el proceso de aplicación del acabado decorativo.

    b. Justo después del seccionado y canteado del tablero.

    c. En cualquier momento, ya que es indiferente el orden de ejecución.

    d. Después del seccionado del tablero.

6. ¿Para qué se utilizan los sistemas de unión *finger?*

    a. Para el lijado de las piezas y tableros.

    b. Es un sistema de encolado en caliente.

    c. Para permitir el empalme de las piezas por el canto, logrando aumentar su tamaño con una gran calidad, resistencia y durabilidad.

    d. Para permitir el empalme de las piezas por la cabeza, logrando aumentar su longitud y tamaño con una gran calidad, resistencia y durabilidad.

7. Uno de los usos más frecuentes del sistema *finger* es:

    a. Unión de tableros (uso en vertical).

    b. Uso estructural.

    c. Para la realización de molduras de puertas y ventanas, batientes, marcos, premarcos para obra y material de estanterías.

    d. Todas las opciones son correctas.

8. Las moldureras se han convertido en una máquina fundamental, sobre todo en los talleres dedicados al manipulado de madera en bruto para la realización de puertas, ventanas, etc. Una de las características principales de las moldureras es:

    a. Su gran tamaño en comparación con otro tipo de maquinaria más convencional.

    b. Su facilidad para cambiar constantemente de medidas en el mecanizado.

    c. Gran rendimiento y eficacia en el mecanizado de madera.

    d. Todas las opciones son correctas.

9. ¿De qué forma se realiza el avance de las piezas en las máquinas moldureras automáticas?

    a. Mediante un sistema de rodillos de unos 130 mm de diámetro, que sujeta a la pieza y la desliza por todo el recorrido de principio a fin de la máquina.

    b. Mediante un sistema de rodillos de unos 80 mm de diámetro, que sujeta a la pieza y la desliza por todo el recorrido de principio a fin de la máquina.

    c. Por medio de los ejes portacuchillas que la máquina posee a lo largo de todo su recorrido.

    d. Mediante un sistema de correas situado en la parte superior e inferior de la máquina.

10. Para el uso correcto de la moldurera, se deberá realizar el ajuste previo de los husillos portacuchillas y del sistema de avance de la máquina a las medidas adecuadas según la escuadría de la pieza de madera y, a continuación...

    a. ... introducir la pieza de madera debidamente cepillada por el costado de entrada.

    b. ... introducir la pieza de madera en bruto y sin cortar de ancho, ya que la máquina posee un juego de discos de sierra que secciona la pieza una vez que se inicia el proceso de mecanizado.

    c. ... introducir la pieza de madera predimensionada (cortada con la sierra en bruto sin cepillar) por el costado de entrada.

    d. Todas las opciones son incorrectas.

11. Una de las características principales de las máquinas calibradoras es su capacidad de lijar piezas muy anchas, ya que las medidas de la mesa oscilan entre...

    a. ... 1.300 y 2.000 mm.
    b. ... 950 y 1.300 mm.
    c. ... la media es fija de 950 mm.
    d. ... 500 y 950 mm.

12. La calibradora se usa principalmente para alisar las superficies de madera, pero también, gracias al sistema de banda, es posible realizar...

    a. ... el lijado de tableros recubiertos con chapa de madera natural.
    b. ... regruesar de 2 a 3 mm de madera de una sola pasada.
    c. ... la corrección de pequeños desniveles.
    d. Las opciones a y c son correctas.

13. Para un funcionamiento eficaz y rentable de la maquinaria y equipos industriales usados en la industria de la madera, resulta fundamental que estos dispongan de un sistema adecuado de alimentación y extracción del material. El objetivo principal que se persigue con la implantación de estos sistemas es:

    a. Reducir la fatiga del operario, a la vez que aumentar su motivación y capacidad de rendimiento.
    b. Permitir al trabajador realizar su trabajo de manera más segura y ergonómica, aliviando el peso de las cagas y reduciendo los accidentes laborales.
    c. Reducir los tiempos de fabricación.
    d. Todas las opciones son correctas.

14. Para la fabricación en serie de elementos de carpintería y mueble, se debe tener presente que estos han de estar perfectamente ordenados, para lo que se deberá usar la técnica de apilado que mejor se ajuste, como por ejemplo...

    a. ... apilado en sistema de rodillos.
    b. ... apilado en plataforma inclinada.
    c. ... sistema de transpaleta manual.
    d. ... apilado automático con sistema de avance automático de piezas.

15. **Los muebles y objetos de madera deben fabricarse sobre la base de las normas básicas de calidad, para lo que deberá realizarse un control del sistema productivo consistente en...**

   a. ... la revisión del 100 % del proceso en lo mecanizados unitarios o a pequeña escala.
   b. ... la creación de un solo punto de control a lo largo del sistema productivo.
   c. **... realizar una revisión final del producto por el encargado de la calidad de la empresa.**
   d. Todas las opciones son correctas.

16. **¿Cuáles son las dos principales ventajas que han popularizado el uso de las máquinas *finger joint*?**

   La posibilidad de conseguir piezas de madera de tamaños imposibles de lograr de otra forma, con una gran calidad, resistencia y durabilidad. Además, posibilitar el aprovechamiento de todas las piezas de desecho que antes eran inservibles, pudiendo aprovecharlas ahora en su totalidad.

17. **¿Qué efecto puede aparecer si la madera que se usa presenta una humedad relativa inferior al 8 %?**

   Si la madera está demasiado seca y su humedad relativa es inferior a este porcentaje aparece el riesgo de rotura en el empalme.

18. **¿Por qué se considera a la moldurera como una multimáquina?**

   Porque realiza todos los pasos necesarios para dejar acabada una pieza, quedando disponible para montar el mueble y finalizarlo en el siguiente ciclo de producción.

19. **¿Cuál es la capacidad de carga de la mesa elevadora de carga?**

   Es muy variable, pudiendo ir de los 900 a los 9.000 kg.

20. ¿Cuáles son las principales ventajas de la alimentación de tableros por el sistema de ventosas?

I Sencillez y rapidez de alimentación y extracción de los tableros.
I Agarre seguro de piezas revestidas y porosas.
I Ocupa poco espacio en el taller.

Solucionario Capítulo 6

1. **Una de las ventajas más importantes de implantar un adecuado control de calidad en la fabricación de las piezas de madera y mueble es:**

    a. Se transmite una imagen de empresa seria y comprometida con sus clientes.
    b. Se evita el almacenamiento y acumulación de muebles y objetos de madera con un mal acabado.
    c. Se consigue un ahorro económico considerable por posibles acabados de piezas defectuosas, que incurren en gastos adicionales de materias primas, mano de obra, maquinaria, etc.
    d. **Todas las opciones son correctas.**

2. **Uno de los documentos más importantes que sirven de ayuda para evaluar y valorar la calidad en la aplicación de acabados sobre madera son las listas de chequeo, las cuales sirven para...**

    a. ... descubrir problemas por áreas e identificar y efectuar posibles soluciones y detectar posibles oportunidades de mejora en una o varias fases del sistema de mecanizado de las piezas de madera.
    b. ... anotar toda la información que se obtiene de la listas de chequeos y, a partir de ahí, elaborar las llamadas hojas de no conformidad.
    c. **... anotar en un libro de manera periódica todos los controles realizados por la empresa, de manera que se pueda evaluar el avance o retroceso de los estándares de calidad previamente establecidos.**
    d. Todas las opciones son correctas.

3. **¿Qué son los denominados productos y materiales con certificación o sellos de calidad?**

    a. Es el material con propiedades que son fácilmente detectables a simple vista.
    b. **Son los que garantizan el cumplimiento de unas prestaciones y características mínimas del producto previamente estudiadas en un laboratorio mediante ensayos.**

c. Es el material que dispone de un correcto etiquetado, donde se informa de la especie de madera, sus dimensiones, el número de elementos por paquete y su superficie y calidad.

d. Es el material que presenta la textura, aspecto y color propios de la especie de madera a que hace referencia.

4. **Como norma general, no es recomendable instalar o trabajar con maderas con contenidos de humedad por encima del...**

    a. ... 20 %.

    b. ... 30 %.

    c. ... 15 %.

    d. No existe un límite establecido.

5. **Los fallos en las medidas de ensambles, machihembrados, rebajes, canales, etc. son mucho más difíciles de detectar a simple vista, siendo imprescindible realizar mediciones muy exactas por medio de...**

    a. ... cintas métricas enrollables.

    b. ... reglas articuladas de varillas de acero o madera.

    c. ... calibres o pie de rey.

    d. Todas las opciones son correctas.

6. **Según la norma UNE-EN 942, para la correcta elección de las especies de madera para carpintería, deberá tenerse en cuenta el uso al que se destinen, por ejemplo...**

    a. ... de su resistencia mecánica.

    b. ... de su grado de inflamabilidad o combustión.

    c. ... de la facilidad de ser trabajada.

    d. Las opciones a y c son correctas.

7. **Los nudos disminuyen la resistencia de la madera al producir en ella pérdidas de homogeneidad. Deberá tenerse especial cuidado con...**

   a. ... los llamados nudos sanos que presentan un color igual a la especie de madera que la sustenta, pero su tono es más oscuro.
   b. **... los nudos llamados muertos, debido a que estos se desprenden con mucha facilidad cuando son cortados con los útiles de las máquinas, pudiendo echar a perder la pieza por completo o incluso provocar un accidente por la proyección contra el operario.**
   c. ... los nudos negros fijos, que son los que presentan partes de color negro.
   d. Todas las opciones son correctas.

8. **¿En qué consiste el defecto de la madera denominado gema?**

   a. En la presencia de un exceso de resina en el interior de la madera debido a un secado insuficiente.
   b. Es la marca que queda en la tabla justo en la zona donde ha estado colocado el rastrel de separación durante el proceso de secado.
   c. **Es la corteza o falta de madera debida sobre todo a la propia forma natural cilíndrica del árbol.**
   d. Es un remolino o enrollamiento de la fibra de la madera que no contiene un nudo.

9. **El defecto denominado fibra desgarrada es muy habitual durante el cepillado de las piezas. Se produce por realizar el corte de la madera en sentido contrario a la veta, provocando el levantamiento y desgarro superficial de la misma. Se puede solucionar...**

   a. **... si el desgarro no es muy pronunciado, aplicando lija y masillas en las fases finales de acabado de la superficie.**
   b. ... usando unas cuchillas adecuadas al tipo de madera a cortar y realizando un avance del corte a una velocidad adecuada.
   c. ... principalmente por el uso de cuchillas mal afiladas o deterioradas.
   d. Todas las opciones son correctas.

10. Los grados de humedad recomendados para su uso interior o exterior se encuentran definidos en la norma UNE-EN 942, la cual aconseja un índice de humedad contenida en la madera...

    a. ... para exterior entre el 15 y el 22 % y para interior en edificios sin calefacción de entre el 12 y el 16 % de humedad.

    b. ... para exterior entre el 12 y el 19 % y para interior en edificios sin calefacción de entre el 12 y el 16 % de humedad.

    c. ... para exterior entre el 12 y el 19 % y para interior en edificios sin calefacción de entre el 8 y el 12 % de humedad.

    d. ... no más del 25 % de humedad en cualquier caso.

Solucionario Capítulo 7

1. **El mantenimiento de las máquinas usadas en carpintería puede ser:**

   a. Ordinario y diario.
   b. Programado, ordinario y sencillo.
   c. Ordinario y programado.
   d. Múltiple y programado.

2. **¿Cuál es la función principal de la lubricación de la maquinaria?**

   a. Disminuir el rozamiento entre piezas móviles e impedir que estas se sobrecalienten.
   b. Lograr un ahorro energético y una mejora de las condiciones de seguridad.
   c. Evitar que la máquina se pare.
   d. Todas las opciones son correctas.

3. **Un elemento de gran importancia que también necesita lubricación son los cojinetes y rodamientos. El tipo más usado en la maquinaria de carpintería es:**

   a. Sistema por capilaridad.
   b. De bolas.
   c. De cazoleta.
   d. De inmersión o flujo.

4. **¿Cuál es el mejor producto para la limpieza de las correas de transmisión?**

   a. Con grasa.
   b. Con diluyentes.
   c. Con disolventes.
   d. No se deben usar productos de limpieza.

5. **¿En qué consiste el efecto que se produce en los útiles de corte denominado embotamiento?**

    a. En el desprendimiento de productos químicos que, al mezclarse con el polvo generado durante el corte, se adhieren al filo de las herramientas ocasionando que estas no corten adecuadamente.

    b. **En el desprendimiento de resinas de la madera y derivados que, al mezclarse con el polvo generado durante el corte, se adhieren al filo de las herramientas ocasionando que estas no corten adecuadamente.**

    c. En la pérdida de filo producida durante el corte de tableros manufacturados.

    d. Todas las opciones son correctas.

Solucionario Capítulo 8

1. **La norma UNE-EN 13556 trata sobre...**

   a. ... la selección de especies de madera para carpintería y la elección de la más idónea considerando su aplicación (decorativa, comercial, de resistencia mecánica, de durabilidad, de comportamiento en servicio y de trabajabilidad).
   b. **... la identificación de especies de madera tanto frondosas como coníferas utilizadas en Europa, identificando las especies cuya comercialización está prohibida.**
   c. ... la clasificación de las distintas especies de árboles maderables.
   d. ... las medidas normalizadas, dependiendo del lugar de origen.

2. **De forma tradicional y mediante el lenguaje popular de carpinteros y ebanistas, se suele nombrar a las maderas nobles como:**

   a. **... las que son fáciles de trabajar y presentan un aspecto estético visualmente agradable, de veteado recto y exentas de defectos de consideración.**
   b. ... las que son difíciles de trabajar y presentan un aspecto estético visualmente agradable, de veteado recto, pudiendo tener algunos nudos.
   c. ... cualquier tipo de madera natural que se emplea en carpintería.
   d. Todas las opciones son incorrectas.

3. **¿Qué se considera madera de 3.ª categoría?**

   a. Al material que presenta un color, textura, tono, veteado y uniformidad de toda la superficie, prácticamente perfectos. Carece de defectos, como nudos muertos, grietas, etc.
   b. A los materiales que presentan algún tipo de defecto (nudos y grietas pequeñas, veteado algo más irregular, etc.), pero que apenas son apreciables y en la mayoría de los casos se pueden disimular con la aplicación de masillas, lijado, etc.
   c. **La que se puede utilizar para trabajos más bastos o rústicos, como por ejemplo premarcos para obra o mobiliario rústico. Suele tener nudos y grietas considerables.**
   d. No existe la 3.ª categoría en cuanto a la calidad de la madera y tableros.

4. ¿Qué aspectos en cuanto a la madera tiene en cuenta la norma UNE-EN 942?

    a. Determina el método para clasificar las características según el aspecto visual de la madera para carpintería.

    b. Se establecen las reglas de clasificación por su aspecto para madera verde o seca de chopo con gruesos desde 15 a 34 mm y anchos desde 100 a 250 mm (clases 1, 2, 3 y 5).

    c. Según la frecuencia y tamaño de los defectos, la madera es clasificada en: J2, J5, J10, J20, J40 Y J50.

    d. Las opciones a y b son correctas.

5. ¿Qué se denomina madera de calidad "como cae"?

    a. A las especies frondosas procedentes de países tropicales, que se encuadran dentro de la categoría A.

    b. A las especies de pinos y abetos procedentes de países del norte de Europa que se encuadran dentro de la categoría B.

    c. A las especies de pinos y abetos procedentes de países del norte de Europa que se encuadran dentro de la categoría A.

    d. A una calidad intermedia de maderas frondosas.

6. No es una medida normalizada de un tablero de fibras MDF...

    a. ... 244 x 126 x 6.

    b. ... 244 x 122 x 16.

    c. ... 366 x 186 x 19.

    d. ... 366 x 207 x 10.

7. Según la norma UNE-EN 1313-1, el ancho que se recomienda en las coníferas para un grosor de madera de 38 mm es:

    a. 125-150-180.

    b. 100-125-150.

    c. 100-125-155-170.

    d. 90-130-140-150.

8. ¿Cuál es el largo de madera normalizado para los pinos y abetos procedentes de Suecia y Finlandia?

    a. De 1,8 hasta 6,0 m en tramos de 300 mm o en módulos de 100 mm.
    b. De 2,0 hasta 6,0 m en tramos de 300 mm o en módulos de 110 mm.
    c. De 2,50 a 3,0 m.
    d. De 3,0 a 6,0 m.

9. ¿Cuál es el ancho de la madera aserrada de las frondosas tropicales?

    a. Varía en múltiplos de 30 mm hasta un máximo nominal de 400 mm, admitiendo una tolerancia de hasta 5 mm.
    b. Se presenta en intervalos de 10 mm para anchuras comprendidas entre 50 y 90 mm e intervalos de 20 mm para anchuras superiores a 100 mm.
    c. Varía en múltiplos de 25 mm hasta un máximo nominal de 350 mm, admitiendo una tolerancia de hasta 5 mm.
    d. Se presenta con una anchura mínima de 6 pulgadas.

10. ¿Cuál de los siguientes riesgos no se considera dentro de los posibles en el manejo de las máquinas de carpintería?

    a. Atrapamientos en las máquinas y máquinas-herramientas.
    b. Inhalación de productos químicos.
    c. Ruido.
    d. Inhalación de polvo de maderas blandas y duras.

11. ¿Cuál es uno de los riesgos más importantes durante el manejo de la escopleadora de cadena?

    a. Atrapamiento entre transmisiones.
    b. Proyección de la cadena o fragmentos de la misma.
    c. Contacto eléctrico indirecto.
    d. Todas las opciones son correctas.

12. **Las máquinas usada en carpintería considerada como la más peligrosa es:**

    a. La lijadora de cinta.
    b. La máquina cepilladora o regruesadora.
    c. La fresadora o máquina tupí.
    d. Las máquinas escopleadoras de broca y de cadena.

13. **En el caso de que un accidentado presente signos evidentes de asfixia, se deberá proceder de la siguiente forma:**

    a. Realizar la respiración boca a boca.
    b. Colocarle en posición de seguridad y mantenerle caliente en todo momento.
    c. Trasladarlo de manera urgente al centro médico más cercano.
    d. Todas las opciones son correctas.

14. **Una de las prácticas para el cuidado del medioambiente durante el manejo de la maquinaria de carpintería es:**

    a. Aprovechar al máximo los restos de tableros producidos durante el mecanizado. Pueden volverse a utilizar o bien venderse como materia prima (por ejemplo para leña para combustión).
    b. Utilizar bombillas de alto consumo, ya que son las que mejor resultado dan.
    c. Tener en funcionamiento la maquinaria solo el tiempo imprescindible; de esta manera, se reducirán la emisión de ruido y contaminantes atmosféricos y el consumo eléctrico.
    d. Las opciones a y c son correctas.

Ajuste y embalado de muebles y elementos de carpintería

Solucionario Capítulo 1

1. ¿Por qué es habitual manipular de manera unitaria (bulto a bulto) y sin medios me-cánicos los diferentes muebles y productos de carpintería?

    a. Para hacer el recuento mejor.
    b. Para optimizar el espacio disponible de carga.
    c. Para crear más puestos de trabajo.

2. ¿Cómo se suele llamar en muchas ocasiones al poliestireno expandido (EPS)?

    a. POREXPAN.
    b. POTEX.
    c. SPORT.

3. ¿Para qué se suele utilizar el caucho celular en el sector de la madera?

    a. Para juntas de estanqueidad.
    b. Para proteger del sol.
    c. Para aislamiento en tabiques de madera.

4. ¿Qué elementos se suelen utilizar para proteger cantos y esquinas de elementos de carpintería y muebles?

    a. Papel engomado.
    b. Plástico de burbujas.
    c. Cantoneras y esquineras.

5. Los embalajes hechos de madera se suelen utilizar para proteger...

    a. ... herrajes.
    b. ... lámparas.
    c. ... electrodomésticos.

6. **Indique si las siguientes afirmaciones son verdaderas o falsas.**

   a. La trazabilidad es la habilidad para separar un material o un producto por lotes individuales o unidades.

   ☑ **Verdadero**
   ☐ Falso

   b. El nombre o la denominación del producto suele aparecer en todas las etiquetas utilizadas en el embalaje de muebles, salvo en algunos que son perfectamente identificables visualmente.

   ☐ Verdadero
   ☑ **Falso**

7. **¿Qué elemento se puede ver en la siguiente imagen?**

   Se trata de una esquinera de cartón.

8. **Complete las siguientes frases:**

   a. El albarán es un **documento mercantil** que acredita la entrega de un pedido.
   b. Las etiquetas RF son **microchips** que contienen una serie de dígitos de identificación.

9. **La recomendación más importante que se debe seguir en la limpieza de muebles es:**

   a. Realizarla muy a menudo.
   b. **No utilizar productos abrasivos.**
   c. Que la realice personal cualificado.

Solucionario Capítulo 2

1. Las patas roscadas de cocinas, al girarlas hacia la izquierda o la derecha, provocan que el módulo...

    a. ... se fije al suelo.
    b. ... se desplace horizontalmente.
    c. ... suba o baje.

2. ¿Dónde se pueden ajustar las puertas correderas de un armario para conseguir la perpendicularidad y la alineación entre hojas?

    a. En los reguladores que poseen las ruedas.
    b. Calzando el armario en la parte trasera.
    c. Echando el plomo en el costado del armario.

3. Una vez verificados en fábrica todos los ajustes, se procede al desmontado del mueble y...

    a. ... codificado.
    b. ... lijado.
    c. ... embalado.

4. En el caso de poseer una envoltura retráctil, ¿qué elemento se podría embalar en ella?

    a. Una caja de herramientas.
    b. Un palé de puertas.
    c. El herraje de una mesita de noche.

5. ¿Cuál de las siguientes partes es imprescindible en un almacén?

    a. La fabricación de cajas de cartón.
    b. El montaje.
    c. La recepción.

6. ¿Qué técnica se utiliza para almacenar piezas largas como listones, molduras, costados, etc.?

    a. Columnas.
    b. Contenedores flexibles.
    c. UCM.

7. A la verificación de la existencia de materiales o de bienes de una empresa se le llama...

    a. ... lista de cotejo.
    b. ... inventario.
    c. ... lista de materiales fungibles.

8. La identificación de un mueble que está embalado con cartón se puede encontrar en...

    a. ... el albarán.
    b. ... la etiqueta.
    c. ... la factura.

9. Los residuos de embalajes de muebles son:

    a. Semipeligrosos.
    b. Peligrosos.
    c. No peligrosos.

10. ¿A qué se refieren el tiempo de fabricación, los ciclos de máquinas, la cadencia hombre, la cadencia máquina, el número de personas por operación, etc.?

    a. A la nomenclatura del producto.
    b. A la definición del proceso de producción.
    c. Al estudio de la carga.

Solucionario Capítulo 3

1. **El sistema de calidad se implanta de acuerdo con la norma internacional...**

   a. ... NTE 224
   b. ... ISO 14001.
   c. ... **ISO 9001.**

2. **Indique si la siguiente afirmación es verdadera o falsa.**

   Los miembros de una empresa deben perseguir la mejora continua del sistema de calidad.

   ☑ **Verdadero**
   ☐ Falso

3. **Complete las siguientes frases:**

   a. Si la inspección de una pieza es positiva, se procede a proteger las **zonas sensibles.**
   b. El diagrama de **flujo** es uno de los principales instrumentos en la realización de cualquier sistema de producción dentro de la empresa del sector de la madera.

4. **Enumere las tres inspecciones que se realizan en la sección de embalaje.**

   ▌ Inspección de recepción.
   ▌ Inspección de requisitos específicos.
   ▌ Inspección del mueble terminado.

5. **¿Qué dos maneras existen para efectuar el control de calidad?**

   a. Las características verificables y los atributos.
   b. **Las variables y los atributos.**
   c. Las características medibles y las variables.

6. ¿De qué tres partes consta una "no conformidad"?

Evidencia registro y descripción.

7. ¿Qué instrumento sirve para verificar y medir ángulos?

    a. El goniómetro.
    b. El pie de rey.
    c. La falsa escuadra.

8. ¿Cuál de las siguientes anomalías no es causa de rechazo en el sector madera-mueble?

    a. Burbujas.
    b. Rotura.
    c. Poliuretano satinado.

Solucionario Capítulo 4

1. **En las técnicas o las instrucciones de inspección de muebles acabados, ¿cuál es la que comprueba uniones, ajustes, maniobrabilidad de elementos móviles, etc.?**

   a. Recepción.
   b. Desembalaje de piezas.
   c. **Montaje e instalación.**

2. **Complete las siguientes frases:**

   a. Los sistemas de aplique sirven para el **embalaje** de muebles.
   b. Los **colgadores** poseen un dispositivo regulador de altura que ayudan a nivelar y aplomar los cuerpos superiores de las diferentes composiciones.
   c. La Ley 3/2014 del **consumidor** y la Ley 7/1996 del **comercio mayorista** establecerán las normas que amparan al comprador.

3. **Indique si las siguientes afirmaciones son verdaderas o falsas.**

   a. Los muebles se unen en línea o a escuadra.

       ☑ **Verdadero**
       ☐ Falso

   b. Las holguras no permiten la maniobrabilidad de los elementos móviles de una composición de muebles.

       ☐ Verdadero
       ☑ **Falso**

4. **Enumere, al menos, tres herramientas para el ajuste del mueble acabado.**

   Destornillador, llaves Allen y llaves fijas.

5. ¿Cuál de las siguientes herramientas auxiliares sirve para comprobar la horizontalidad y la verticalidad en la instalación de muebles y elementos de carpintería?

    a. **El nivel.**
    b. El metro.
    c. La regla.

6. Enumere los tres defectos más comunes que se producen antes de la distribución de muebles y elementos de carpintería.

    ▎ Defecto de fabricación.
    ▎ Defecto de diseño.
    ▎ Defecto de información.

7. Al documento donde se puede reclamar algún incumplimiento de lo establecido en el pedido, se le denomina...

    a. ... carta de devolución.
    b. **... carta de reclamación.**
    c. ... documento de garantía.

8. Enumere dos sistemas de ensamblaje que permitan montar y desmontar los muebles muchas veces.

    ▎ Ensambles excéntricos.
    ▎ Sistema de aplique.

Solucionario Capítulo 5

1. **Complete las siguientes frases:**

   a. El consejo que se les da a los empresarios del sector de la madera y el mueble es que utilicen embalajes **certificados** y homologados por organismos que acrediten la **calidad** de los mismos.
   b. La fatiga puede ocasionar **enfermedades profesionales.**
   c. El Real Decreto 1055/2022 describe los **residuos** no **peligrosos.**
   d. Es una buena práctica medioambiental utilizar herramientas y máquinas con **bajo impacto** medioambiental.

2. **La primera norma de seguridad y salud laboral es:**

   a. Ir dormido y descansado a trabajar.
   b. **Evitar riesgos.**
   c. Poseer los EPI.

3. **¿Cuál no es un riesgo inherente a la profesión de ajustador y embalador de muebles y elementos de carpintería?**

   a. **Golpes por retroceso de piezas.**
   b. Movimiento de cargas.
   c. Cortes por manipulación de embalajes.

4. **Los guantes de seguridad deben ser...**

   a. ... de goma.
   b. ... metálicos.
   c. **... transpirables.**

5. **¿Cuáles son los signos vitales que deben evaluarse en la actuación primaria?**

   a. **Conciencia, respiración y pulso.**
   b. Conciencia, respiración y color de ojos.
   c. Conciencia, respiración y aspiración.

6. ¿Cuándo se coloca en posición de cúbito supino a un accidentado?

    a. Al subirlo en la ambulancia.
    b. **Al realizar el boca a boca.**
    c. Al colocarlo en posición lateral de seguridad.

7. Enumere los tres pasos para activar el sistema de emergencia.

Peoteger, avisar y socorrer.

Solucionario 3

Montaje e instalación de elementos de carpintería y mueble

Solucionario Capítulo 1

1. **El fabricante tiende a preparar la carga pensando en dos condicionantes, ¿cuáles?**

   a. Geométrico y furgón lleno.
   b. Geodésico y camión.
   c. **Geográfico y furgón completo.**
   d. Geográfico y furgón.

2. **El transporte y manejo de mármoles y cristales debe hacerse desmontados y apilados...**

   a. ... horizontalmente.
   b. ... verticalmente.
   c. **... verticalmente sobre sus cantos.**
   d. ... horizontalmente sobre sus caras.

3. **¿Cómo se representa el símbolo de lluvia?**

   a. **Unas gotas de agua y un paraguas.**
   b. Unas gotas de agua y un casco.
   c. Unas gotas de agua y un impermeable.
   d. Unas gotas de agua y un sombrero.

4. **Las dos etiquetas que aparecen en el embalaje de muebles y elementos de carpintería son las de...**

   a. ... descripción de transporte y destino.
   b. ... descripción de cliente y producto.
   c. ... descripción de producto y origen.
   d. **... descripción de producto y origen y destinatario.**

5. Un elemento de fijación formado por una goma estirable en el centro y reforzada de cordel trenzado es:

    a. Una eslinga.
    b. Un pulpo.
    c. Una cuerda.
    d. Una cinta adhesiva.

6. ¿Cuándo se colocan las etiquetas de identificación o descripción de producto a la vista?

    a. En la fabricación de muebles.
    b. En la tienda de muebles.
    c. En el transporte de muebles.
    d. En el desembalado de materiales.

7. Al retirar las envolturas o embalajes de muebles hay que tener en cuenta...

    a. ... la fecha de caducidad.
    b. ... los herrajes que vengan fijados en el mueble.
    c. ... los puntos débiles del embalado, para retirarlo con facilidad.
    d. ... las caras ocultas o traseras de la pieza o piezas.

8. ¿Cómo se denomina cuando el destinatario paga la mercancía y el transporte en el momento de la recepción?

    a. Portes pagados.
    b. Portes cargados.
    c. Portes debidos.
    d. Reembolso.

9. ¿Cómo se llama el documento que el comprador debe utilizar para describir el incumplimiento de lo establecido en el pedido?

    a. Carta de reclamación.
    b. Carta de devolución.
    c. Queja en destino.
    d. Reclamación de la devolución.

10. **Los documentos fundamentales en la recepción de mercancía son:**

    a. Albarán y pedido.
    b. Nota de entrega y reembolso.
    c. Factura y albarán.
    d. Albarán o nota de entrega.

Solucionario Capítulo 2

1. **El modelo destinado a guardar bebida y que tiene una puerta abatible horizontalmente es el mueble...**

   a. ... alto.
   b. ... bajo.
   c. ... bar.
   d. ... vitrina.

2. **Complete la siguiente frase.**

   Los cantos de **madera maciza** pueden ser lisos o moldurados y se adhieren con cola blanca.

3. **Complete la siguiente frase.**

   La fresadora de **embutir** sirve para hacer las cajas que alojaran las cerraduras y picaportes de petaca.

4. **Señale si la siguiente afirmación es verdadera o falsa.**

   a. La espuma de poliuretano es un adhesivo de reacción de un componente.

   ☑ **Verdadero**
   ☐ Falso

5. **Enumere los techos más comunes para el revestimiento.**

   ▌ Techos técnicos.
   ▌ Techos lamas.
   ▌ Acústica.
   ▌ Térmicos.
   ▌ Techos aparentes.

6. **Cuando se habla técnicamente de "acoplamiento a ½ madera" de cantos en puertas, ventanas y revestimientos se define con la palabra...**

    a. ... resalto.
    b. ... traslapo.
    c. ... enrasado.
    d. ... engargolado.

7. **Complete la siguiente frase.**

Un consejo útil es no **desembalar** hasta el momento del montaje.

8. **Complete la siguiente frase.**

El **entarugado** es de colocación encolada, formado por tacos adosados colocados de testa.

9. **Señale si la siguiente afirmación es verdadera o falsa.**

    a. La instalación del *block* en puertas tiene la peculiaridad de que llega a manos del instalador totalmente desarmado aunque sin mecanizado.

        ☐ Verdadero
        ☑ **Falso**

10. **Complete la siguiente frase.**

La boiserie se fabrica en el taller de los ebanistas y está diseñada para hacer una decoración **integral** de algún salón. El fabricante tiende a preparar la carga pensando en dos condicionantes, ¿cuáles?

Solucionario Capítulo 3

1. ¿Qué tres datos darán la información necesaria para entender lo que pretenden transmitir los planos de montaje?

      a. Medidas, forma y color.
      b. Forma, medidas y situación.
      c. Situación, color y forma.
      d. Color, medidas y forma.

2. El nivel láser es el aparato que proyecta una luz roja en forma de línea marcando el nivel, muy utilizado en el montaje de cocinas.

3. Lo más importante en la instalación de elementos de carpintería y mueble es que el soporte esté:

      a. Seco y pintado.
      b. Rebocado con yeso.
      c. Terminado y limpio.
      d. Nivelado y aplomado.

4. La holgura entre cuerpos y elementos de carpintería y mobiliario es necesaria porque permite la maniobrabilidad entre elementos, herrajes y evita roces.

5. El serrucho recambiable consta de una colección de hojas para diferentes trabajos pero con un solo puño o mango insertable a cada una de las hojas.

      ☑ **Verdadero**
      ☐ Falso

6. Las llaves de Allen son un hierro hexagonal en forma de 'L' de diferentes gruesos. Muy utilizadas en el montaje de muebles en kit.

7. **La norma fundamental a la hora de optimizar los elementos lineales de madera es:**

   a. **Cortar primero los largos y dejar para el final los cortos.**
   b. Cortar primero los cortos y dejar para el final los largos.
   c. Llevar del taller todos los tramos ya cortados.
   d. Cortar primero a inglete y al final a 90°.

8. **El percutor es una opción que posee el cepillo eléctrico para eliminar más madera.**

   ☐ Verdadero
   ☑ **Falso**

9. **La cerradura de embutir por el canto se inserta en una escopleadura hecha al efecto para su instalación.**

10. **El útil que nos ayuda a comprobar la escuadría en bastidores es:**

    a. El compás.
    b. El bastrén.
    c. **El escantillón.**
    d. El formón.

Solucionario Capítulo 4

1. La certificación de los productos de la madera la realiza **AENOR (R. D. 1641/85).**

2. ¿Qué significan las iniciales CEN?

    a. **Comité de Normalización Europeo.**
    b. Comité de Normas Españolas.
    c. Consejo Europeo de Normalización.
    d. Consejo de España de Normalización.

3. Los encargados de evitar los riesgos laborales son:

    a. Los trabajadores.
    b. Los empresarios.
    c. Los prevencionistas.
    d. **Los trabajadores y los empresarios.**

4. Las caídas al mismo nivel son provocadas por el desorden y falta de limpieza, no por huecos ni desniveles.

5. El retroceso de piezas se produce por falta de limpieza y la mala sujeción de estas al ser mecanizadas.

    ☑ **Verdadero**
    ☐ Falso

6. Un consejo es bajar el cuerpo flexionando las rodillas, manteniendo la espalda recta, ¿en qué caso?

    a. En el retroceso de piezas.
    b. En el ejercicio físico.
    c. **En el movimiento de cargas.**
    d. En la meditación.

7. Los equipos de protección individuales que protegen de las proyecciones de astillas y polvo a los ojos son las gafas.

8. Los tres signos vitales que debemos observar en la atención primaria a un accidentado son:

   a. Consciencia, pulso y color de ojos.
   b. Pulso, respiración y movimiento del pecho.
   c. **Consciencia, respiración y pulso.**
   d. Pulso, consciencia y aspiración.

9. La activación del sistema de emergencia requiere de tres pasos fundamentales, ¿cuáles?

   a. **Proteger, avisar y socorrer.**
   b. Ayudar, proteger y calentar.
   c. Proteger, socorrer y avisar.
   d. Avisar, proteger y ayudar.

10. Una buena práctica ambiental en la instalación de elementos de carpintería y mueble es reciclar los residuos derivados de la instalación.

    ☑ **Verdadero**
    ☐ Falso